未读 | 探索家

UNREAD

斐波那契的兔子

FIBONACCI'S RABBITS

and 49 Other Discoveries that Revolutionised Mathematics

改变数学的50个发现

[英]亚当·哈特-戴维斯
Adam Hart-Davis——著
杨　惠——译

天津出版传媒集团
天津科学技术出版社

著作权合同登记号：图字 02-2021-200
Fibonacci's Rabbits by Adam Hart-Davis

Conceived and produced by Elwin Street Productions
10 Elwin Street
London, E2 7BU
UK
www.modern-books.com

图书在版编目（CIP）数据

斐波那契的兔子：改变数学的50个发现 / (英) 亚当・哈特-戴维斯著；杨惠译. -- 天津：天津科学技术出版社, 2021.11（2023.7重印）

书名原文：Fibonacci's Rabbits: And 49 Other Discoveries That Revolutionised Mathematics

ISBN 978-7-5576-9740-2

Ⅰ. ①斐… Ⅱ. ①亚… ②杨… Ⅲ. ①数学－普及读物 Ⅳ. ①O1-49

中国版本图书馆CIP数据核字(2021)第216128号

斐波那契的兔子：改变数学的50个发现

FEIBONAQI DE TUZI: GAIBIAN SHUXUE DE 50 GE FAXIAN

选题策划：联合天际・边建强

责任编辑：刘　磊

审　　校：冯尤嘉

出　　版：天津出版传媒集团 / 天津科学技术出版社

关注未读好书

地　　址：天津市西康路35号

邮　　编：300051

电　　话：（022）23332695

网　　址：www.tjkjcbs.com.cn

发　　行：未读（天津）文化传媒有限公司

客服咨询

印　　刷：北京雅图新世纪印刷科技有限公司

开本 880 × 1230　1/32　印张5.5　字数130 000

2023年7月第1版第5次印刷

定价：49.80元

目录

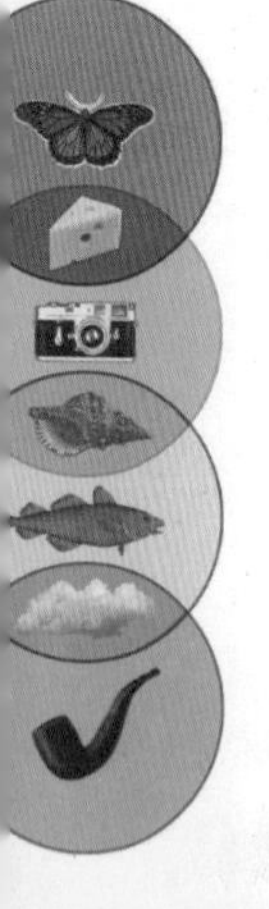

引言

数学以其自身模式和精妙之处区别于其他学科。这门学科的发展并不依赖外在的物质世界，比如铅的重量、天空的蓝色、火药的可燃性……数学上取得的进步往往源于纯粹的洞察力和逻辑。直至今日，数学家们在谱写属于他们的数学奇迹时也不过是用纸和笔。

实验表明，乌鸦、大鼠、黑猩猩等许多动物的计数能力都令人惊叹。这么看来，要说早期人类也有不掰手指做心算的本事，倒在情理之中。

毕达哥拉斯是最早的数学先驱之一。约公元前580年，他出生于古希腊的萨摩斯岛，后来在意大利南部的克罗托内创办了一所数学学校。在这所学校里，他的追随者们戒食豆子、不许碰白色羽毛，也不许在阳光下撒尿。虽然不是他创造了著名的毕达哥拉斯定理（$a^2 + b^2 = c^2$），但他证明了这一定理。事实上，他引入了“证明”的概念，这是数学的基本原则之一。在数学这门学科中，证明即一切；反之，科学无法证明任何东西。科学家能够推翻某一观点，但永远无法证明它。

证明是费马大定理的关键所在。在讨论毕达哥拉斯定理的那一章[1]页边空白处，法国律师皮埃尔·德·费马写道：当整数n大于2时，关于x、y、z的方程$x^n + y^n = z^n$没有正整数解。除此之外，他还写了一句话：“我发现了一个绝妙的证明方法，不过这面的页边实在太窄了，写不下。”不过，他的这一说法直到1665年他去世后，才为世人所知。之后长达330年的时间里，杰出的数学家们苦寻他

1　丢番图所著《算术》一书。——如无特殊标注，本书注释均为译者注。

的证法，却徒劳无功。直到1994年，安德鲁·怀尔斯终于解决了这个难题。但是，怀尔斯的证明足足列了150页，还使用了在费马那个时代还未知的数学方法。因此，我们可能永远都不会知道当时的费马是否说了真话。

数学常用于解谜。比萨的莱昂纳多（以“斐波那契”这个名字为人所知）在《计算之书》（*Liber Abaci*，1202）中以谜题的形式引入了一串新奇的数列。他让读者们想象有一对幼兔，它们长大要一个月的时间，然后再过一个月，就能生下一对小兔子。而它们生下的这对小兔子，长大又要一个月。那么问题来了：“每个月的月底会有几对兔子？”答案是1，1，2，3，5，8，13，21，34，…。这个数列可以无限递推，其中每一项都等于前两项之和。大自然中，斐波那契数列随处可见。比方说，花通常有3、5或8片花瓣；松果上的鳞片通常在顺时针方向呈现8条螺旋线，在逆时针方向呈现13条螺旋线。斐波那契才智过人，他还学会了阿拉伯数字系统，并将其引入西方世界。

如果没有这些前辈，紧随其后的数学拓荒者们就永远都无法获得更多发现。没有斐波那契，牛顿和莱布尼茨就不会发明微积分；没有微积分，欧拉、高斯、拉格朗日和帕斯卡的许多想法也无法为人所知；没有这些想法，伽罗瓦、庞加莱、图灵和米尔扎哈尼等人的研究也将举步维艰……这样的例子不胜枚举。当然，更别提费马大定理的证明了。

所有这些数学发现，包括斐波那契的兔子和他的数列，都是在前人的研究基础上不断向前发展、向外延伸的。正因如此，数学还有着更广阔的疆域，待人们探索发现。

1. 摸索前行：

公元前 20000—前 400 年

没人知道，数学是从什么时候开始存在的，或者说，是什么时候被人发现的。到底是人发明了数学，还是宇宙中万物皆在，只待人发现？这是一个古老的哲学问题。许多动物都能从1数到4或5，即使是最原始的人类，想必也知道怎么算自己家里有几口人，或者一群动物有几只。用手指计数，几乎是人类的第二天性；用木棍或符木（tally stick）等计数工具替代手指，不过是前进了一步。

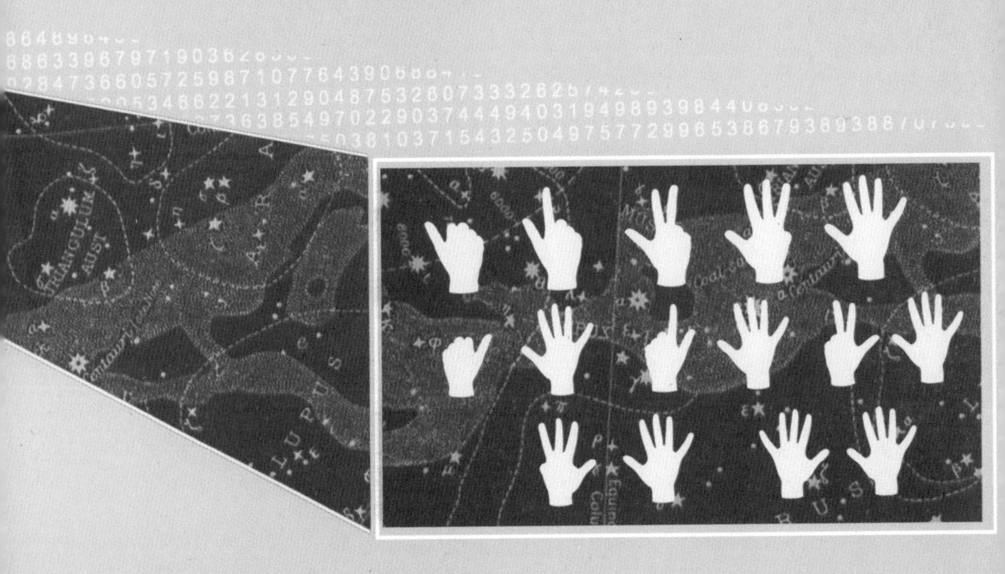

当然，从简单的实际问题转变为抽象思维，这一步可谓意义重大。我们对数学早期阶段的发展所知甚少，直到希腊文明在克罗顿（今克罗托内）、雅典和亚历山大等地中海周边城市繁荣起来，才有了文字记载。古希腊哲学先驱米利都的泰勒斯曾预测过一次日食，传说他的预测成功制止了一场战争，这一事件也因此广为传颂。泰勒斯预测日食的方法尚不清楚，但很可能涉及数学方面的知识。

约公元前
20000年

相关数学家：

远古人类

结论：

早期人类通过骨头上的刻痕计数

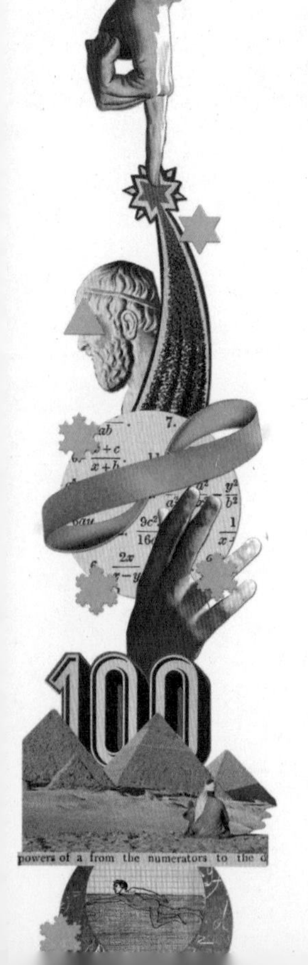

伊尚戈骨上刻的是什么？

算术起源的证据

地球上远古生命的历史写在化石记录中，那些保存下来的古生物遗骸或被人们发现，或从岩石中被挖掘出来。骨骼比软组织更坚硬，因而更易留存。

不仅如此，一些远古时期的骨头还可能证明了数学的起源。远古人类在这些骨头上留下的刻痕表明，早在数千年前，人类就使用过多种计数方式。

列彭波骨

20世纪70年代，考古学家彼得·博蒙特在位于南非和斯威士兰之间的列彭波山脉的一个山洞中发现了列彭波骨。这根长8厘米的狒狒腓骨（腿骨）已有44 000年的历史，上面有整整29道刻痕。放在当时，它也许不过是一把量尺，但事实上，这29道刻痕还可能代表着一个朔望月[1]。

也许当地人每逢新月都会举行集会或仪式，祈求月亮重生。月亮圆缺的一个完整周期约为29天，因此，一根有着29道刻痕的骨头能够为其持有者预测下一轮新月的来临。但是，这根骨头的一端明显有断裂的痕迹，上面原本可能并不止29道刻痕。

伊尚戈骨

伊尚戈位于刚果民主共和国，是维龙加国家公园的一处保护区，亦是尼罗河流域的部分源头所在。1960年，比利时

1　朔望月：月球绕地球公转相对于太阳的平均周期。当月亮绕行至太阳和地球之间，不受太阳照射的阴暗面对着地球，这时叫朔；当月亮绕行至地球的后面，受到太阳照亮的半球对着地球，这时叫望。以从朔到下一次朔或从望到下一次望的时间间隔为长度，平均为29.53059天。

探险家让·德·海因泽林·德·布劳考特（1920—1998）在这里发现了一段细窄的褐色骨头，后来经证实也是狒狒的腓骨。它长10厘米，相当于一支铅笔的长度。由于骨头的一端固定着一块石英，看上去像是用来书写或画线的工具。然而，沿着骨头本身，你能看到一串有序的刻痕，明显是人工雕刻而成的。

伊尚戈骨上的痕迹

伊尚戈骨约有20 000年的历史，上面刻有3行（也可能是3列）痕迹。这些刻痕明确地按组排列，表示的应该是数字。第一排是7、5、5、10、8、4、6和3（合计48），第二排是9、19、21和11（合计60），第三排是19、17、13和11（合计60）。

拼合符木

最初，人们认为伊尚戈骨起到符木的作用。这类符木十分常见，似乎起到助记的作用（用作时间规划工具）。

拼合符木（split tally stick）通常由浅褐色的榛木制成，用于财务往来。符木上单独的一串刻痕表示一个金额，将其一劈为二后，符木的两半各有一串完整的刻痕，交易双方得以各自保留交易记录。

阴历

还有一种可能：伊尚戈骨上刻的是为期6个月的月相历。月相变化的四分之一个周期约为7天——从满月到弦月，从弦月到新月，以此类推。最上面那排刻痕也许正是有人试图按照月相变化的四分之一周期对每晚情况所做的连续记录。不过，考虑到当时伊尚戈地区可能总是多云，观察并非易事。

早期数学的证据？

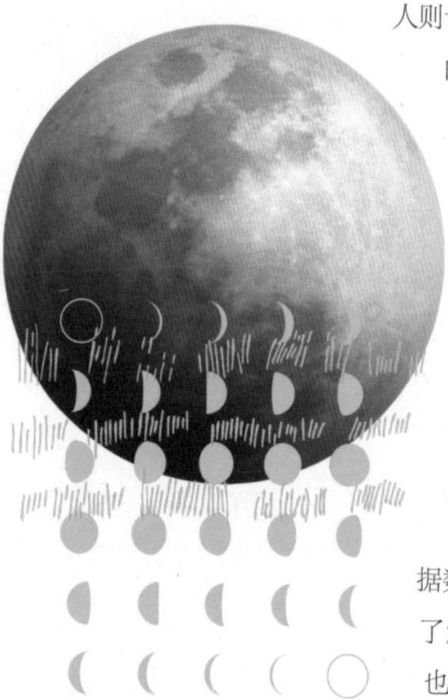

60年来，学者们对于这些数字背后的含义总是争论不休。海因泽林最初的推测是，这些数字构成了某种算术游戏。有些人则认为，由于每排加起来的得数是60或48，均为12的倍数，这可能是十二进制（以12为底数的计数系统）的雏形。从右向左，我们可以看到，第一排先有3条刻痕，然后翻倍成6条，紧随其后的4条则翻倍成8条，接下去是10条减半成5条。第二和第三排的刻痕只有奇数条。在第二排中，刻痕的数量为（10−1）、（20−1）、（20＋1）和（10＋1）。第三排有4组刻痕，每组都是一个质数，实际上从10到20的全部质数都包括在内了。人类是否可能在20 000年前就已经掌握了质数的概念？似乎不大可能。据数学史学家彼得·鲁德曼推测，人们对质数有所了解的时间不会早于2 500年，而除法的概念最多也只能追溯到大约10 000年前。虽然这些数字的含义尚无定论，但如果最初没有这些计数方面的发展，我们所知道的数学也将不复存在。

为什么是数到“10”？

数字的起源

公元前 20000—前 3400 年

相关数学家

远古人类

结论：

我们使用的印度－阿拉伯数字[1]优于许多其他计数系统。

计数，就是通过给一组对象编号来得出它们的数量。计数对象可以是句子里的字词，也可以是盘子里的坚果。如果这些对象被时间或空间分隔开，比如下了一天的雨，或草原上四处溜达的绵羊，那么使用计数系统（在纸片上做标记或在棍子上划刻痕）可能更为简便。

列彭波骨（参阅上一节）以及其他符木的发现表明，人类早在44 000年前就有计数系统了。那时的远古人类，可能早就知道怎么数出所在族群的成员数、兽群中的猎物数，或者敌对方的人数。

默算

手指不失为一个计数的好工具。如果盘子里的坚果不到10个，你大可以将手指依次放在每个坚果的旁边或上面，数自己用了多少根手指。这意味着，你不必担心何谓“5”或“7”，甚至根本不用考虑数字的概念。你只需要在记录坚果的时候，留意一下是不是要用到左手的中指了。你甚至都不用口头上报出数字，只要举起正确数量的手指即可。在许多文化中，单个对象的符号与我们说的“一个”类似，仅用一根手指就可以轻松表示。今天，你走进都柏林的任何一家酒吧，只要举起一根手指就能点到一品脱的吉尼斯黑啤。

1 由古印度人发明，后由阿拉伯人传向欧洲，之后再经欧洲人将其现代化。

新数字系统

虽然我们不知道人类到底是什么时候掌握了语言，开始通过词语交流，但他们很可能在开始使用语言后不久便造出了数量词——尽管当时的数量词可能仅限于表示“一个”“两个”“许多个”。

伊朗的扎格罗斯山脉出土了6 000多年前的黏土片，这些黏土片当时被用来记录动物的数量。刻有加号的黏土片表示1只绵羊，2片代表2只。其中有一种不同样式的黏土片，表示10只绵羊，还有一种表示10只山羊。区别于一一对应的划记法，这些黏土片展示了人类早期其他的计数方式。

目前我们推测，美索不达米亚（现在是伊拉克的一部分）的苏美尔人在公元前3100年左右写下了最早的抽象数字。苏美尔人采用“六十进制”（参阅下一节）计数法，并且对于不同类型的对象有各自适用的几套数字系统。例如，他们计算动物数量和测量尺寸的术语是不同的，与日本人现在的做法类似。

不久之后，约公元前3000年，埃及人创造了自己的书面数字。这一数字系统类似于罗马数字，以不同的符号表示10的幂次（1、10、100等）。最值得注意的是，埃及的数字系统里使用分数，用一个“开口”的象形文字表示。这一新发展很可能出于实际的需求，例如解决多人分配食物的问题。

中国、罗马和阿拉伯的数字

2 500多年前，中国的数学家和商人开始用算筹来计数和运算。根据不同的摆放位置以及水平或垂直的不同摆放方式，每根算筹表示不同的值。当需要表示0时，就做留白处理。有时用红色算筹表示正数，黑色算筹表示负数，还有的时候用截面是三角形的算筹表示负数。

罗马数字由木头、骨头或石头上的原始刻痕计数系统演变而来。Ⅰ、Ⅱ、Ⅲ、Ⅳ、Ⅴ、Ⅵ、Ⅶ、Ⅷ、Ⅸ、Ⅹ分别代表从1到10。这些符号都由直线构成，因此易于雕刻。L代表50、M代表1 000，这也比较简单；但C代表100、D代表500则相对棘手些。罗马数字无法用于运算。不信的话，你可以尝试计算CMⅨ × Ⅳ而不是909 × 4，看看能不能算出结果。

公元6世纪，印度人简化了他们的数字系统，并编成了十进制的位值系统，与我们现在使用的类似。该系统由几个较早的数字系统演化而来，可以追溯到约公元前3000年。公元9世纪，阿拉伯人将印度的数字系统（包括用零作为占位符）纳入了自己的系统。

这些数字在用于计算的时候更直观，这在很大程度上归功于位值系统。在位值系统中，数字在不同位置表示不同的值。例如，9既可以在190中表示9个10，也可以在907中表示9个100。目前罗马数字仍在欧洲使用，而位值系统计算的便捷性在很大程度上弥补了罗马数字的不足。斐波那契在《计算之书》（参阅第55页）中向人们介绍了这一数字系统。正因如此，我们现在才有了从1到10的“阿拉伯”数字。

约公元前
2700 年

相关数学家：

苏美尔人

结论：

我们今天使用的许多数字，都来自古老的苏美尔数字系统。

为什么1分钟有60秒？

苏美尔的六十进制

我们生活在一个十进制的世界中。这个世界到处都是数十、成百、上千、几百万的整数。那为什么那么多日常生活中的基本单位都能被6整除呢？比如，白天有12个小时、1小时有60分钟、圆周角度数是360°等。这仅仅是有些尴尬的历史遗留问题，还是说它们背后有更待深入探讨的原因？

楔形数字

六十进制，或者说以60为基数的数字系统，起源于四五千年前美索不达米亚的苏美尔古代文明。苏美尔的数学也许是当时最复杂的数学。尽管其他文明的数学可能同样发展得不错，但是大家都知道，苏美尔人对数学有更专业的追求。他们将数学刻在石头上，更确切地说是泥板上。

苏美尔人发明了最早的一种书写系统。为了记录语言和数学，他们在潮湿的泥板上用叫作“stylus”的杆子做好楔形的记号，然后在太阳底下将泥板晾干晒硬，上面承载的信息便得以永久保存。形状使然，人们将这些记号命名为楔形文字（cuneiform）。这个词来源于拉丁语中的“cuneus”（楔子）一词。

苏美尔的数字符号并不复杂，仅由竖划记号和箭头记号组合而成。单个竖划记号表示1，代表一个单位；两个标记表示2，三个标记表示3，依此类推。不过，单个竖划记号根据位置不同可以分别表示1、60或3 600。其中的数字，表达起来少不了60的倍数。比如，124这个数字就表示为两个60的记号加上4个单独的单位记号。

为什么是60？

也就是说，苏美尔的数字系统和罗马数字有点儿像，只不过这个系统基于六十进制而非十进制。但是为什么是60呢？长期以来，数学家一直想对这一问题做出理论解释，但并没有得到确切的答案。公元4世纪，亚历山大城的塞翁提出这是因为60是能同时被1、2、3、4和5整除的最小数字，所以因数的数量最大化了。但是与60一样，还有其他数字也有很多因数。

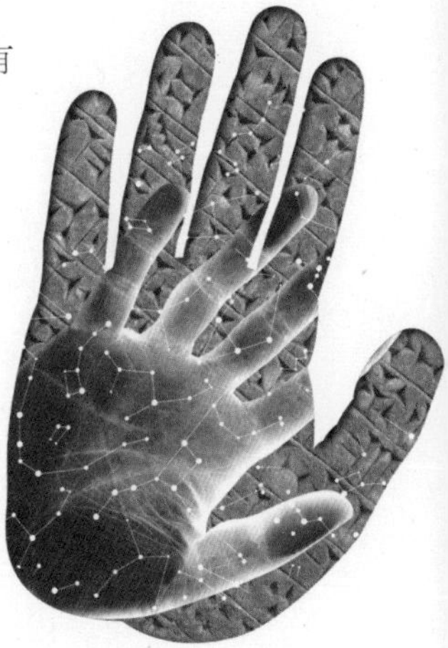

出生于奥地利的美籍科学史学家奥托·纽格鲍尔则认为，六十进制是从苏美尔的度量衡中发展而来的。以60为基数的话，人们轻易就能将商品等分为两半、3份、4份和5份。然而，也有人觉得可能恰好相反，不是度量衡影响了数字系统，而是数字系统决定了度量系统。

还有些人认为，一切答案都在星空中。那时的夜空非常晴朗，而且人们晚上也无所事事。苏美尔人都是狂热的观星者，他们在星空中寻找图案，为第一个星座取名。他们的日历也因观星诞生——星图每晚都会产生细微的变化，一年后最终回到同一位置。

苏美尔人以这种方式得出一年有365天。19世纪的德国数学家莫里茨·康托尔决定将其近似计为360，然后除以6（一个圆要分成6份很容易），以此与六十进制相符。这个猜想不无道理。一年如果是360天，就可以轻易分成12个月，每个月30天，同时还可以解释为什么我们的圆周角是360度。但这仅仅也是猜测。

也许以60为基数的数字系统仅仅来源于手指计数。但是有证据表明，美索不达米亚人用手指计数的方法完全不同。你先抬起一只手，用拇指计算4根手指的3节，从而得到12。每计算一次12，你需要弹动另一只手的拇指，然后是4根手指，从而得到5倍的12或60。一旦你掌握了这种计数方法，算起数来非常简便、快捷。

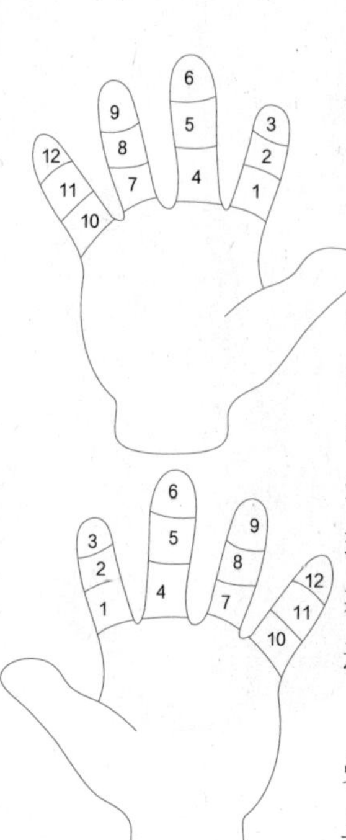

以60为基数的计算优势

无论这一数字系统是怎么来的，60都可以被许多因数整除，这为苏美尔人研究一些非常复杂的数学问题奠定了基础。2017年，以戴维·曼斯菲尔德为首的澳大利亚数学家们声称，终于破解了“巴比伦人泥板”（普林顿322号泥板）的代码。这块已有3 800年历史的泥板出土于一个世纪前，埃德加·J.班克斯在伊拉克发现了它。班克斯堪称现实版的印第安纳·琼斯，他把泥板转卖给纽约出版商乔治·普林顿。后来，普林顿逝世，泥板被遗赠给了哥伦比亚大学。

这一泥板上有用巴比伦版的楔形文字刻下的复杂数字表。曼斯菲尔德和他的同事声称，这不仅是早期的三角函数表，而且比现代的十进制三角函数表更准确，因为以60为基数的数字具有能被整除的性质——60能被3整除，但10不能。以10为基数，我们很容易将$\frac{1}{2}$、$\frac{1}{4}$和$\frac{1}{5}$这样的分数表示成小数——0.5、0.25和0.2，这并不难；但要把$\frac{1}{3}$这样的分数写成小数，只能得到无限循环小数0.333 333…，永远得不到一个精确值。

曼斯菲尔德等人的观点是否正确还有待商榷。但毋庸置疑的是，他们强调的是以60为基数的计数优势。现在，我们已经完全习惯了以10为基数的十进制系统所带来的便利。十进制中，除以10或乘以10时，我们只需调整数位即可，而且十进制小数为无限的计算范围开辟了道路。但是，当面对时间单位的分割，60的整除性质则独具优势，以至于其他计数方式来去更迭，六十进制却一直存在。很少有人会在深思熟虑之后，提出改成10小时为1天、10分钟为1个小时这样的建议。毕竟，以60为基数来划分时间要简单得多。

可以化圆为方吗？

希腊人如何应对无理数

约公元前1650年

相关数学家：

古埃及人、古希腊人

结论：

由于π是一个超越数，“化圆为方”不可能。

“化圆为方”是古代数学家面前最古老的一项挑战。仅用尺规作图，能否画出一个面积与给定圆相同的正方形？本质上，这可以归结为求 π 精确值的问题。π，指圆的周长与直径之比。如果假定圆的半径 r 为一个长度单位（可以是1毫米，也可以是1千米），圆的面积就为 πr^2 或 π 平方单位。具有相同面积的正方形边长将为 π 的平方根，即约为1.772单位。

这个问题在古埃及的《莱因德纸草书》(*Rhind Papyrus*，参阅下一节）中得到了初步解答。书中记载的计算方法，是针对圆形区域的面积求一个粗略的值。这一方法所采用的规则是切掉圆直径的$\frac{1}{9}$，以剩余直径的长度为边长，从而得到一个面积与圆相似的正方形，即取 π 的近似值为$\frac{256}{81}$或3.160 49——这个值相当接近我们现在所采用的 π 值3.141 59。尽管非常接近，但还是没有解决化圆为方问题。然而，这场关于化圆为方的竞赛在希腊人加入之后才真正拉开帷幕。

估算π

公元前440年左右，阿那克萨戈拉被关押在雅典。据记载，他是第一个研究化圆为方问题的希腊人。几年后，安提丰想了一个办法，他先作了一个圆内接正方形，然后将边数加倍，可以得到一个内接八边形，接着再将边数加倍，又能得到一个内接十六边形，依此类推，直到他能计算出来的多边形面积几乎和圆相等。

与此同时，希俄斯的希波克拉底（不要与来自科斯岛的同名医师混淆）以等腰直角三角形的三条边为直径作了三个半

新月形

圆。这三个半圆所围成的两个月牙（以两个重叠的圆为界限的新月形区域）的面积之和，等于该三角形的面积。然后，他所要做的就是作一个和该三角形面积相等的正方形。不过，他最终没能解决这个问题。

希波克拉底的方法

是否可能?

几个世纪以来，许多数学家都在试图解决这个问题，但这个问题似乎没有答案。“化圆为方”也被人们赋予了新的含义——尝试去做那些不可能的事情，比如阻止潮水的流动。

维多利亚时代的数学家查尔斯·路德维希·道奇森以“刘易斯·卡罗尔”为笔名，创作了《爱丽丝梦游仙境》。他热衷于揭穿那些声称能够化圆为方的虚假理论。1855年，他在日记中写道，希望写本书来探讨一下“化圆为方者得知道的几个简单事实”。

想要化圆为方，首先你得作一条长度为$\sqrt{\pi}$的线。1837年，有研究表明，长度为整数、有理数（例如$\frac{3}{5}$）甚至某些无理数的情况下，可以作特定长度的线。无理数是指那些不能仅用含有整数的分数来表示的数字。因此，$\frac{3}{5}$是有理数，$\frac{1001}{799}$也是有理数。但$\sqrt{2}$是无理数，我们可以写作1.414 213 562 373 1，但它不等于任何整数相除的值，并且小数位不会重复。不像$\frac{1}{7}$，我们可以写作0.142 857 142 857 142 857…，虽然也除不尽，但小数位是重复的。$\sqrt{2}$虽然是无理数，但也可以写成具有整数系数的方程的乘积：$x^2 = 2$。这样一来，它就成了一个代数数，我们便可以作长度为任意代数数的线。

超越数

不幸的是，π 不仅是无理数，还是超越数。这意味着，π 并不能通过上述方程式计算出来。1882年，德国数学家费迪南德·冯·林德曼证明了 π 是超越数。因此，我们无法作长度为 π（或$\sqrt{\pi}$）的线。

证明某一数字是超越数确实非常困难，但绝大部分实数都是超越数。当代数学研究中，还有许多数字尚未被证明到底是代数数还是超越数。要想证明一个数字是超越数，必须证明它不是任何代数方程的根。鉴于有这么个典型特征，绝大多数超越数都很难被用到，因为它们都极难处理。

在数论中，人们常把林德曼的发现，与和他同一时期的卡尔·魏尔斯特拉斯的发现相结合，并称为“林德曼－魏尔斯特拉斯定理”。该定理采用了一系列复杂的证明去验证数字的超越性。由该定理可以直接得出，π 和 e 都是超越数。这两个数也是迄今为止最常用的超越数。

通过证明 π 是超越数，林德曼－魏尔斯特拉斯定理同时证明了人们无法作出长度为 π 的线。这一来自19世纪数论的结果，解决了几个世纪以来的经典几何问题。至此，人们彻底证明了化圆为方并不可能。

约公元前
1500 年

相关数学家：
古埃及人

结论：
一个偶然的发现使我们对古代埃及数学有了深刻的认识。

埃及分数怎么表示?

莱因德纸草书和埃及数学

1858年，年轻的苏格兰文物研究者亚历山大·莱因德在卢克索的一个市场上偶然购得了一卷古埃及的纸草书。这卷纸草书可能是非法挖掘出土的，在莱因德去世几年后被卖给了大英博物馆。现在我们知道，莱因德纸草书是最古老的数学教科书之一。这份手抄本是由一位名叫阿默斯的书记官在3 000多年前从另一份更古老的文本上誊抄下来的。

当破解完所有内容后，它其实就和我们学校用的数学课本一样，里面列出了84个数学问题。整卷分为3部分：第一部分是我们比较熟悉的领域——算术和代数问题；第二部分探讨了几何问题；第三部分是一些杂题。值得注意的是，莱因德纸草书表明古埃及人采用十进制数字系统，我们对此更加熟悉。

埃及分数

不过，当时埃及的分数和我们现在的分数存在显著差异，也因此耐人寻味，已成为现代数论中的一个有趣话题。埃及分数中，分子始终为1（$\frac{2}{3}$除外）。因此，如果你想将8份中的5份表示为分数，古埃及人不会写成“$\frac{5}{8}$”，而会写成“$\frac{1}{2}+\frac{1}{8}$”。正因如此，任何写作单位分数之和的分数，如今都被

称为埃及分数。

这种表示方法有实际的优势。我们来想这么一个问题：假设你有5个比萨饼，如何分给8个人吃？传统分数会告诉你，每个人都得到$\frac{5}{8}$份比萨饼。但实际上，你该如何切出这个$\frac{5}{8}$份呢？这简直太难了。可用埃及分数的话，这个问题就再简单不过了。正如我们前面所说，埃及分数中$\frac{5}{8}$表示为$\frac{1}{2}+\frac{1}{8}$。那么，答案就一目了然了。你只需要将前4个比萨饼切两半，最后一个分成8份。这样每个人都可以得到$\frac{1}{2}+\frac{1}{8}$。和前者相比，用埃及分数解决这个实际问题简单得就像变魔术一样。

对数论家来说可不止于此。关于埃及分数，还有一些非常有趣的事情。其一，你可以用埃及分数表示任何小于1的分数。其二，你可以将任何普通分数拆分为无数个埃及分数，如$\frac{3}{4}=\frac{1}{2}+\frac{1}{8}+\frac{1}{12}+\frac{1}{48}+\frac{1}{72}+\frac{1}{144}$，依此类推。

数学之妙

数论家们越深入研究莱因德纸草书，越意识到埃及数学的独创性。例如，古埃及的乘法运用了重复加倍（repeated doubling）的方式，算起来与二进制数（计算机相关应用所采用的基础数制）极为相似。在阿基米德之前，古埃及人很早就会求圆的面积，尽管方法简单粗暴，但得到的结果切实可行。他们采用的π值和我们现在的π值误差仅在0.5%以内（参阅上一节）。

上述内容并不是想说古埃及人都是数学天才，而是想表达人很容易囿于惯性思维，这时候不妨试试别的方法，换一个思路更有助于获得新的见解。

约公元前 530 年

相关数学家：

毕达哥拉斯

结论：

证明在数学中至关重要，这一观点可以追溯到毕达哥拉斯和他著名的定理。

何谓证明？

毕达哥拉斯定理

要问数学定理中最著名的是哪一个，肯定会有人回答说是毕达哥拉斯定理（勾股定理）。这是为数不多能让孩子们烂熟于心的数学定理之一："直角三角形的两条直角边的平方和等于斜边的平方。""斜边"（hypotenuse）这个词来自希腊语，意思是"拉伸"，指与直角相对的最长边。

但这一定理并不算是毕达哥拉斯的观点。即使毕达哥拉斯这个人真的存在，这一观点也早在他出现的 1 000 多年前就有了。何况我们没法确定他真的存在，"毕达哥拉斯"或许仅仅指的是一个有着相同观念的宗教团体。巴比伦人知道——巴比伦人泥板可以佐证；古埃及人很可能也知道——看看金字塔，清一色的直角三角形；古代中国人也知道；公元前 600 年左右，古印度的《绳法经》（*Shulba Sutra*）中也有相关记载。

证明之始

毕达哥拉斯所做的，只是给出一个证明，甚至可能不算是首个证明。从那以后，无数证明纷至沓来，可能比任何其他数学思想都多。但是毕达哥拉斯的证明方法地位稳固，"理论需要证明"这个想法也是如此。的确，证明已经成了数学的基石，而且人们对证明的探索打破了时间的限制，跨越了多个世纪，著名的费马大定理（参阅第 163 页）就是如此。

人人都传毕达哥拉斯其实是个"嬉皮士"，他在西西里岛创办了一个学派。他

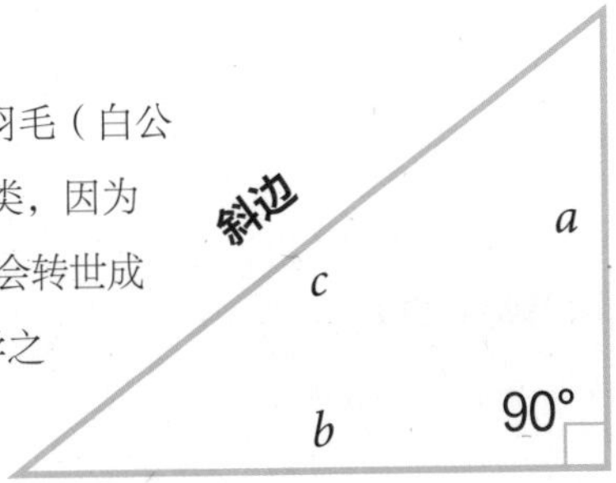

的追随者必须遵守一些奇怪的规则：不许触摸白羽毛（白公鸡），也不得朝着太阳“放水”。他们还得戒食豆类，因为毕达哥拉斯相信轮回，显然他担心自己的灵魂可能会转世成豆子。而且毕达哥拉斯一直在寻找自然界中的数学之美。这就是他研究乐音产生方式的原因，并且他还发现了不同音高之间的数学关系。例如，两倍张力的竖琴弦，会发出两倍高的声音。毕达哥拉斯甚至认为恒星和行星旋转时也具有特殊的音调。

正是抱着这种对世界上数学存在的形式的精神追求，他发现了平方。他以规则的形式摆放石头：横排和竖排都排列数量相等的小卵石，摆出一个正方形。它可能是横着2个卵石，竖着2个卵石，或者横着3个卵石，竖着3个卵石。因此，正方形中的卵石数量是每一侧卵石数量的“平方”：2乘2等于4，3乘3等于9，依此类推。

形状变换

他可能是通过摆石头方阵这样的方式来变换形状，并以此获得有关直角三角形的证明的。事实上，为了区别于其他证明方法，毕达哥拉斯的证明通常被称为“重新排列证明法”。

他的证明方法很简单：在一个以一定角度倾斜的正方形内部，作一个较小的正方形。这个小正方形的四个顶角，内接大正方形的四条边。这样大正方形的四个角就对应出现了四个直角三角形；而小正方形的四条边，对应的是几个直角三角形的斜边。

如果将三角形重新成对排列，使每个三角形的斜边相对，你将得到两个矩形。将这两个矩形放在大正方形内，大正方形内应有两个较小的正方形以及这两个矩形。由于四个三角形的面积不变，因此第一种排列中内接正方形的面积，必然等于第二种排列中两个较小正方形的面积。换言之，第一种排列中的正方形边长是直角三角形的斜边；第二种排列中两个较小正方形的边长分别是直角三角形的两个直角边。因此，斜边的平方等于其他两条边的平方和。

影响深远

这个证明方法非常简单，且无可辩驳。但是，毕达哥拉斯之后的数学家们希望采用更数学的方式去证明，而不是简单地分割重排。欧几里得在其伟大的几何学书籍《几何原本》（约公元前300年）中设计了一种更复杂的证明，使用了理论几何逻辑而非重新排列的方法。他先以直角三角形的每一边为边长绘制了三个正方形，然后在正方形和三角形的角之间构建了全等三角形。通过一系列逻辑步骤，他可以证明该定理必然正确。自那以后，欧几里得的理论证明为几何证明奠定了基础。

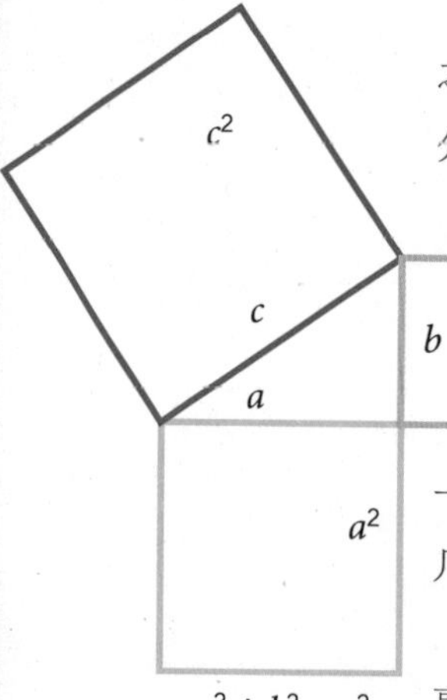

$a^2 + b^2 = c^2$

爱因斯坦后来又提出了一个巧妙的证明。他虽然也像毕达哥拉斯一样切分了三角形，但并不用重新排列。与此同时，其他数学家则从纯代数的角度提出了证明。

该定理也导致了无理数的发现。无理数指无法表示为两个整数之比的数字。毕达哥拉斯学派的基本理念认为所有数字都是有理数，而边长为1的直角三角形斜边长为$\sqrt{2}$，这一发现明显与毕达哥拉斯的观点相左。因此，传说中证明了$\sqrt{2}$是无理数的希帕索斯被溺死在水里。

除了在纯数学理论中被使用，直角三角形还可以用来测量山脉的陡度、屋顶的坡度，或证明两堵墙是否呈直角垂直。毕达哥拉斯定理的标志性特征就是简单，但这并没有影响它在数学公式中的地位，甚至可以说，它在重要性和使用的广泛性方面无出其右者。

无限有多大？

数学中的极大和极小

约公元前 400 年

相关数学家：

古希腊人

结论：

希腊人以无限取乐，但如今数学家们却发现无限的复杂性超乎想象。

无限的概念很难理解。作为拥有有限寿命的人类，我们已经习惯了处理有限的、具体的事物，那么如何才能掌握“永无止境”的概念呢？

古希腊人与无限

有几位古希腊数学家为“无限”概念绞尽脑汁。欧几里得证明了质数有无限个；亚里士多德意识到时间永存，没有尽头。希腊人称“无限”为“阿派朗”（apeiron），意思是没有界限、没有尽头。他们不喜欢这一观点，因为他们更喜欢处理（小一点儿的）整数。

公元前5世纪，哲学家芝诺曾在多个悖论中使用过无限思想。这些悖论中最著名的一则是关于阿喀琉斯和乌龟的故事。希腊神话中著名的战士阿喀琉斯和乌龟赛跑，假设阿喀琉斯和乌龟比100米赛跑，他让乌龟先跑50米。比赛开始了，他快如子弹，只用了5秒钟就跑了50米，到了乌龟起跑的地方。但是，乌龟也一直在往前跑，更恰当一点儿说是蹒跚着爬，5秒的时间内爬了半米。所以此时乌龟领先了半米。

然后，阿喀琉斯在0.05秒内跑了半米，但乌龟又一次蹒跚着，前进了5毫米，仍然领先。实际上，每当阿喀琉斯要追到乌龟的时候，乌龟也在向前移动。无数次的你追我赶中，两者的距离变得越来越小。但也因此，阿喀琉斯永远无法追上乌龟。

无限的数量相同吗？

1 500多年后，意大利科学家伽利略为无限的大小发起了愁。无限都一样吗，还是各种各样的？例如，每个整数都有一个平方数：$1^2 = 1$，$2^2 = 4$，$3^2 = 9$，依此类推。大多数整数都不是平方数（例如2、3、5、6、7），因此显然整数比平方数多。已知整数有无数个，平方数也有无数个；因此整数的无限应该大于平方数的无限。但是，每个整数都是一个平方数的平方根，这表明每个整数都可以匹配一个平方数。换句话说，整数和平方数之间存在一一对应的关系，因此两者“无限”的个数应该相同。这就是伽利略的悖论。

伽利略得出了结论：“‘等于’‘较多’和‘较少’这样的属性仅适用于数量有限的情况。”

无限的大小

德国数学家格奥尔格·费迪南德·路德维希·菲利普·康托尔（1845—1918）更进一步，他定义了无限的不同大小。

例如，有所有整数（或自然数）的集合：1、2、3、4等。还有所有偶数的集合：2、4、6、8等。偶数与整数一一对应：2→1、4→2、6→3、8→4。这意味着偶数是可数的。进一步看，偶数的无限个数加上奇数的无限个数，等于所有整数的无限个数。

另外，有所有实数的集合：1.0、1.1、1.01、1.001、1.000 01等。康托尔指出，实数集合是不可数的，因为它们不能与整数一一对应。因此，实数的集合大于整数的集合，也就是说，无限集合的大小有多种可能。很明显，在1和2之间有无限个实数，尽管这一点看上去很直观，但是康托尔设法证明了这一点。

无限的用法

无限可能难以想象，更难以确定。尽管19世纪的德国数学家利奥波德·克罗内克坚信，无限的概念太过模糊了，不该在数学中占有一席之地，但数学家们还是必须学会如何处理它。

比如，研究微积分绕不开“无穷小量”——无限小的分割；再比如，时间没有终点，事物也不可能停止运动。要处理这个无限可分割的连续体，唯一方法就是设置极限，并假设你感兴趣的那个点就在这些极限之间。同样，当你放大分形的结构时，较小的细节会重复出现。这种排列将无穷无尽地延伸，受到分辨率的限制，更小的细节渐渐被抹平，整体趋于平整。

科赫雪花

然而，正是无限的难以理解使它一直处于数学思维的前沿。举个例子来说，“无限”这个概念，已经成了判断数学上可证或不可证的关键所在。毕竟在库尔特·哥德尔的不完备性定理之后（参阅第140页），我们应该都接受了数学中并非所有事物都可证的观点。另外，德国数学家戴维·希尔伯特于1924年引入了著名的旅馆悖论。希尔伯特的旅馆有无数间客房，这些客房全满员了。然而，通过一系列巧妙的证明，希尔伯特表示他总是可以为无限多的客人安排无限多的客房。单凭直觉判断，这纯属胡说八道。你怎么在已经客满的旅馆里，找到可以入住的客房？但这就是无限的悖论。希尔伯特的证明是严密的，他只不过证明了人的直觉和常识可能是错的……

2. 问题和解题：公元前 399—公元 628 年

古希腊人痴迷于纯数学思想，尤其是在几何学领域，他们热衷于尺规作图。不过，他们的关注点逐渐转到了一些特定的问题上。他们开始尝试采用之前积累的数学经验来解答这些问题。

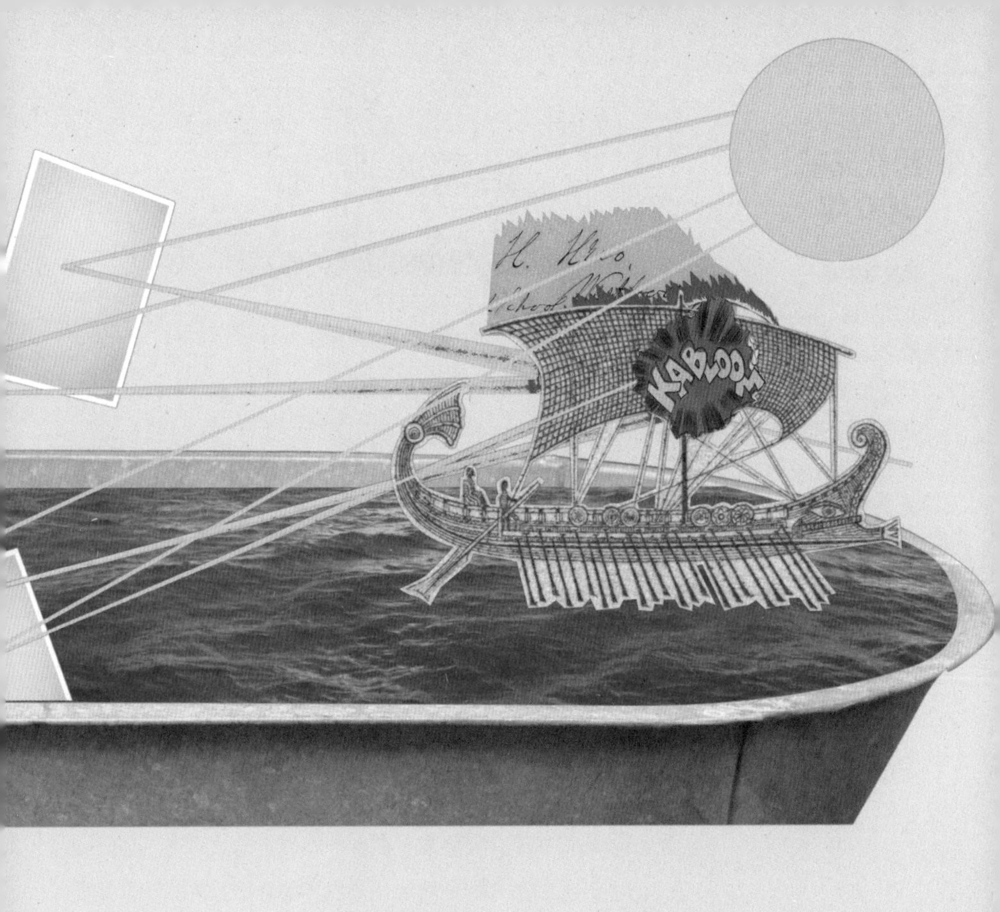

最令人印象深刻的一个古希腊人便是阿基米德。他向世人展示了种种跨领域的才能，从最纯粹的数学到最实用的物理学和工程学，他均有所建树。他的追随者们不仅加深了自身对周围世界的了解，还在这种理解中有所收益。

约公元前 300 年

相关数学家：

欧几里得

结论：

欧几里得的数学命题和证明清晰明了、合乎逻辑，其著作两千多年来一直是几何学的教科书。

谁需要逻辑？

欧几里得的《几何原本》

欧几里得的《几何原本》这一伟大著作发表至今，已经过去了2 300多年。有人称其为《圣经》之后西方世界受众最广的书。它确实是一本数学书，但远不止一本数学书这么简单。

原本

从本质上来讲，《几何原本》是一本几何学教科书，这门学科是关于形状的数学。它不是有史以来第一本关于几何学的书籍，但是自从发表以来，其完整阐述和系统整理为几何学奠定了基本框架。直至今日，关于平面上的点、线、形状和立体图形的几何，依旧被称为欧几里得几何。关于三角形、正方形、圆形、平行线等形状的基本规则，都在书内一一呈现。

但要是仅将《几何原本》视作一本优秀的教科书，那就错了；它所开创的是一种全新的认知世界的思维方式。在欧几里得的体系中，世界的运转并不是光靠神灵的突发奇想，而是遵循自然的规律。它指导我们如何通过逻辑和演绎推理、证据和证明，找到通往真相的道路——而不是单靠直觉。当今所有的科学，都建立在提出理论和证明的理念之上。

欧几里得并不孤单。他的作品是希腊思想家们几个世纪以来的智慧结晶，最早可以追溯到米利都的泰勒斯。难得的是，欧几里得的整理和阐述并没有因为跨世纪的工作量而欠缺精准。

对欧几里得本人，我们知之甚少。也许和毕达哥拉斯一样，他可能不是住在亚历山大城的某一个人，而是一群数学老师。亚历山大城是亚历山大大帝在埃及地中海沿岸建立的一座伟大的城市。后来，托勒密王朝的第一位国王托勒密一世在亚历山大城修建了一座著名的图书馆，给这个城市带来了文化繁荣。

实用数学和永恒真理

到了欧几里得时代，几何学已经成为一项十分发达的实用技能。长期以来，人们一直用几何解决各种数学问题，或计算土地面积，或研究如何搭建一座完美的金字塔。但是，欧几里得和他的古希腊同人所做的是将这些动手的技能发展为一种纯理论体系，将“应用数学”转化为“纯数学”。

这不只是一个学术问题。希腊人所采用的方法是发现基本真理的有力工具。某一条件下对三角形成立的定理，在完全不同的条件下同样成立。米利都的泰勒斯前往埃及后，向人们展示了如何借助相似三角形测量金字塔的高度和海上船只的距离，这让当地人吃惊不已。

欧几里得和他的希腊同人，通过赋予数学完整的逻辑系统，释放了数学久盛不衰的力量。正如欧几里得书中所展示的那样，数学有了证明的概念，有了从某些假设或假定中找到合乎逻辑的规则的思维，如“两点之间线段最短”。种种假设组合在一起，就构成了规则的基本概念，我们称之为定理；有了定理之后，我们必须对其进行证明或反驳。

欧几里得的第五公设

《几何原本》的核心是五条主要公设：

1. 两个给定点之间可以作一条直线。

2. 这条直线可以在任一方向无限延长。

3. 以任一点为圆心，任意长为半径，可作一圆。

4. 凡是直角均相等。

5. 同平面内一条直线和另外两条直线相交，若在直线同侧的两个内角之和小于两直角和，则这两

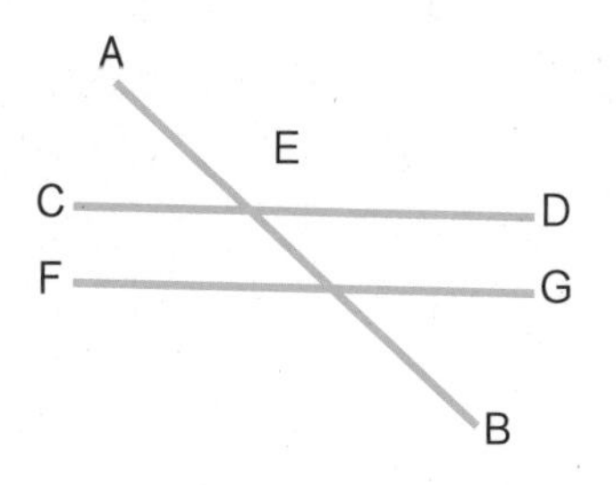

条直线经无限延长后在这一侧一定相交。

前四条公设现在听起来可能理所当然，但在当时却不是。为了基础问题制定这些基本规则是绝对必要的。只有通过这些毫无争议的基础定义，我们才能将直觉转变成强有力的证明，并在逻辑上一步步推进。

第五公设的问题

相较于前四条，欧几里得的第五公设看上去没那么不言而喻。这条公设有时也被称为“平行公设”。当一条线与其他两条线相交，相交线同一侧的内角呈两个直角时，它所相交的两条线则必然平行。这一公设对于所有的基本几何结构都至关重要，在实际生活中有许多应用案例。比方说，这一公设解决了火车如何在平行的轨道上运行的问题。

不过，欧几里得对平行公设确实也抱有一定怀疑。他的几何学很适合解决关于平的二维或三维图形和大多数日常遇到的数学问题。但是，正如地球的表面是弯曲的一样，空间也是如此，而且空间不止三个维度，还包括时间。

欧几里得的平行公设意味着，通过给定点只能作一条线与另一条线平行。但是，如果空间是弯曲的、多维的，则可以作许多平行线。这就是19世纪亚诺什·波尔约和伯恩哈德·黎曼等数学家们创立“双曲”几何的背后原因所在。

同样，根据欧几里得几何，三角形的内角和一般是180°；而在球面上作的三角形，内角和大于180°。因此，过去的两个世纪以来，数学家们开始采用非欧几里得几何的观念，在曲面和多维空间创立了一种新的几何学。可以说，爱因斯坦的广义相对论背后的思想，离不开这些新的几何学观念的推动。尽管如此，欧几里得的研究成果仍然是当今所有常见几何问题的核心。

质数有多少？

欧几里得反证法

约公元前 300 年

相关数学家：

欧几里得

结论：

质数有无限个。

对于大多数人而言，数字只是用来描述“多少”这个概念的一种方式。但是对许多数学家来说，数字本身就令他们着迷。数论就是关于数字的研究，有人称它为“数学女王”，它被认为是知识层面上最纯粹、最抽象的追求。质数（又称素数）则是数论领域的金本位制，数论家们对质数的追求就像猫追求猫薄荷。自从2 300年前，欧几里得在《几何原本》一书中讨论质数以来，质数的魅力从未衰减。

通行宇宙的数学钥匙

对许多数学家来说，他们对彻底搞懂质数的渴望，不亚于信基督教者对圣杯的推崇。人们常把质数描述为数字中的“原子”（构成一切事物的基本粒子）。卡尔·萨根在《接触》（1985）一书中写道，质数将会是人类与其他世界的智慧生物交流的最佳方式，因为有关质数的知识绝对是智慧生命的通用信号。

质数是只有两个不同因数（又称“约数”）的数字，一个因数是1，另一个是其本身。《几何原本》第七卷中，欧几里得将任一数字描述为“多个单位”（a multitude of units，即很多单位）合成的。关于“数字”这一概念，这就是你所能了解到的简单的抽象定义。他将质数定义为“仅用一个单位衡量”（measured by a unit alone）的数字，即只能被1整除——欧几里得没有将1算作数字。他还将合数定义为“非质数的数字”。之所以称之为“合”数，是因为它们是通过质数相乘得到的。

根据他的定义，一个完全数等于其除数（“因子”）之和。

欧几里得对合数和完全数都发表过有趣的见解，但真正改变游戏规则的是他对质数的证明。他想知道到底有多少个质数。他在《几何原本》第九卷的命题20中，巧妙地证明了质数有无穷个的结论。这标志着数论的诞生。尽管此前毕达哥拉斯和其他希腊数学家对质数也很感兴趣，但命题20对质数的证明具有开创性的意义。因此，纵观数学史，正是命题20为数字的研究奠定了基调。

欧几里得的证明

现在人们将欧几里得的证明方法称为“反证法”，即先假设某个你想证明的命题不成立，然后从逻辑上一步步往下推理，得出该假设实际上不成立，原命题得证。

欧几里得想证明的是“存在比任何有限个数都多的质数”这一命题，即存在无穷个质数。换言之，他想证明，质数不是有限的。因此，他采用了反证的方式，假设存在有限个数的质数，然后着手证明这个命题不成立。他的反证基于的假设是，每个自然数都是质数的乘积。

欧几里得的希腊原文不太好理解。不过没关系，我们可以简要分析一下他证明过程中的关键所在。如果说质数的个数是有限的，那我们应该可以列出所有的质数：质数1、质数2、质数3，一直到最大的质数n。现在，如果将这张清单中的所有数字相乘并加1，会怎样？你不必真去计算，只需按逻辑推理即可。

这个得数肯定不是一个质数，因为它大于我们清单中最大的质数。所以它肯定是一个合数。但已知合数是质数的乘积，因此这个合数能够被质数整除。但是，在有余数1的情况下，我们不可能得到整除的结果。所以，我们列出的并不是全部的质数，我们以为自己列的单子是完整的，但这么看来必然存在遗漏。

不论你那张单子上最大的质数是多少，这个结果是不变的：始终存在更大的质数。这种论证方式的独创性令人叹为观止。无数数学家因此受到启发，在数字森林中寻找着相似的逻辑证明和方法。

对无穷尽的无限探索

事实上，数学家们还在不断尝试用其他方法证明质数是无穷的。18世纪，莱昂哈德·欧拉提出了证明；20世纪50年代，匈牙利数学家保罗·厄多斯想到了另一种算术证明；美籍以色列数学家希勒尔·弗斯滕伯格从集合论的角度给出了证明。单是过去的十几年，就有六七种新的证明问世，其中就包括2016年亚历山大·申基于信息论提出的构想，以及"压缩状态"（compressibility states）。

尽管有证据表明质数是无穷的，但这并没有阻碍数学家们不停前进的脚步——从定义上讲，这是他们的"永恒探索"。欧几里得之后不久，另一位伟大的希腊人埃拉托色尼提出了一种巧妙的筛选法，这种办法可以快速筛出非质数，以此来识别质数；19世纪，卡尔·弗里德里希·高斯发现，数字越大，质数分布越少。对质数的搜寻仍在继续，但这一切都始于欧几里得。

约公元前 250 年

相关数学家：

阿基米德

结论：

阿基米德采用一种巧妙的方法得出了实用的近似值。

何谓π？

找出π的极限

对于几何学者而言，研究圆是一件令人沮丧的事情。那些有直边的图形计算起来轻而易举。想算矩形的面积？只要将长乘以宽。想算等边三角形的面积？只要用高的一半乘以底。但是圆是一个完全不同的问题。想计算圆，必须引入数学中最令人头疼的数字之一——π。

圆周率的问题

π是指直径为1的圆的周长，或者说，它是任何圆的周长与直径的比值。这听起来很简单，但实际上要算出这个数值，难上加难。这个问题难住了历史上杰出的几位数学大师，甚至动用当今世界的强大算力，也不能将其精确地计算出来。

幸运的是，对于绝大多数实际计算而言，有π的近似值已经足够了。古时候的人们就知道这个值比3多一点儿，换言之，圆的周长是直径的3倍多。古巴比伦的泥板可以追溯到近4 000年之前，表明当时古巴比伦人认为π是$\frac{25}{8}$，即3.125，接近现代估计的3.142。同一时期，古埃及莱因德纸草书也记录了π的数值为$\frac{16}{9}$的平方，即$\frac{256}{81}$或3.16。

古代文明的天才

公元前250年左右，古代文明的天才人物阿基米德开始探寻π的准确值。阿基米德的一生极富传奇色彩，因令人惊叹的发明成果和科学成就闻名于世。在那些尤为令人印象深刻的成就中，有那么一次，他仅推动了一根小杠杆，就用一个独具匠心的滑轮驱动装置让重达4 000吨的“锡腊库扎”号大船成功下水。此外，他还发明了阿基米德螺旋抽水机。这一泵送装置虽然结构简单，但至今仍用于灌溉和泵送污水等密度大的黏稠液体。当然，也是阿基米德发现了著名的浮力定律。这一事迹和他发出的那声“Eureka！”（意为“我找到了！”）流传至今，广为人知。

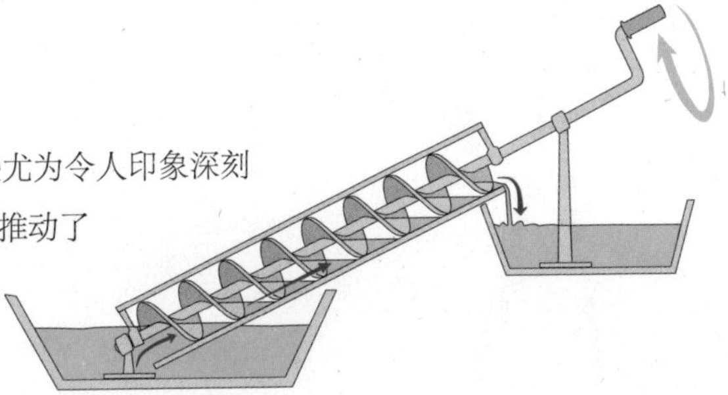

阿基米德螺旋抽水机

不仅如此，他还是一位出色的数学家。从某种意义上来说，计算 π 值是他最重要的成就之一。关键在于，阿基米德并没有通过测量的方法得出 π 值，而是试着从理论上解决这个问题。他采用了公元前480年哲学家安提丰提出的“穷竭法”。约一个世纪后，希腊数学家欧多克索斯改进了这一方法。阿基米德提出，想求出一个难以计算的形状的面积，可以用能算出面积的多边形逐步将该形状填满。从大多边形开始，用越来越小的多边形填充空白区域，直到该形状内的空间被“填尽”。虽然这只能得出一个近似值，但是多边形越小，这个值就越精确。这种方法是微积分的前身。

将圆六边形化

阿基米德就是用这种方法计算的。他的笔记很难看懂，但他确实就是这么算的。首先，他用圆规画了一个圆，然后让圆规保持相同的半径，沿圆周标记了6个等距的点。用直线连接每两个相邻点，就能得到一个圆内接六边形，然后再用直线将这个六边形的对角相连，就得到了6个边长为圆的半径的等边三角形。

那么，该六边形的周长是其外接圆半径的6倍，或者说是圆直径的3倍。由此，我们可知 π 的近似值为3。但由于圆弧在六边形外侧，所以 π 的实际值肯定更大。因此，阿基米德又沿六边形的外边作了一圈全等的扁三角形，从而得到了圆内接十二边形。但这个图形和圆弧之间仍存在空隙，所以阿基米德再次增加边数，这个圆内接图形的边数依次变为24、48、96。当边数增加到96时，这个图形几乎与圆严丝合缝地重叠在了一起，此时计算出来多边形周长与圆直径的比值为$3\frac{10}{71}$或者说$\frac{223}{71}$（约为3.140 845）。

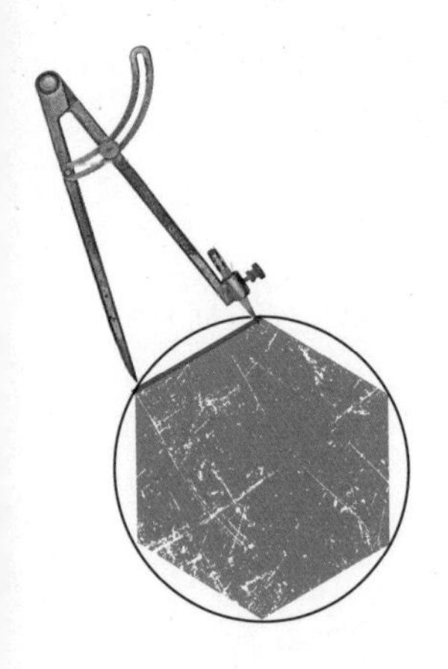

但阿基米德真正的天才之举还在后面。他在圆外绘制了外切多边形，并重复了在圆内绘制六边形的过程，将其边长不断加倍，直到得到96条边的图形。这样得出的比值是$3\frac{10}{70}$或者说$\frac{220}{70}$（约为3.142 857）。由于圆在内接和外切的这两个图形之间，因此可以确定 π 值也介于这两者之间。通过这一方法，他得到了3.141 851这个值，这已经非常接近现在 π 的近似值3.141 59。当然，阿基米德的时代还没有小数，因此外接图形周长与圆直径的比值取了$\frac{22}{7}$，不过这仍然是我们当今大多数人所使用的近似值。

自阿基米德以来，π 的计算变得越来越准确。现在，人们借助强大的计算机，可以计算出 π 值小数点后数万亿位小数。但这一计算仍没有完结，也没有一个数字称得上是 π 的最终准确值，因为它是一个无理数（参阅第19页）。我们只是获得了更接近的近似值，而阿基米德求出的近似值$\frac{22}{7}$就是大多数人所需要的。

地球有多大?

太阳、阴影和希腊几何

约公元前 240 年

相关数学家:

埃拉托色尼

结论:

埃拉托色尼使用巧妙的数学技巧，计算出地球的周长为40 000千米。

公元前332年，亚历山大大帝在埃及尼罗河口建立了亚历山大城。这座城市成为希腊的文化中心，后来修建了一座非常宏伟的图书馆，馆藏成千上万羊皮或牛皮制成的卷宗。大约在公元前240年，生于昔兰尼的埃拉托色尼被任命为这座图书馆的新馆长。他是一位数学家，曾提出过一种求质数的方法（参阅第35页）。作为馆长，埃拉托色尼干劲十足，借阅了许多伟大的文学作品，将其复制下来，后来（在托勒密一世的命令下）将原本保留在图书馆中，而归还了那些副本。

埃拉托色尼出生于公元前276年左右，虽然他与同一时代的阿基米德分别居住在地中海的两端，但地域阻隔并不影响他们成为好友。阿基米德曾给埃拉托色尼寄过一首诗，诗里描述了一个关于奶牛和公牛的复杂问题，他可能还前往亚历山大城拜访过埃拉托色尼。

地理之父

埃拉托色尼是一个多面手。批评家有时称他为"Beta"（希腊字母表的第二个字母），认为他在什么事上都是"万年老二"。不过，他的朋友们都叫他"五项全能选手"，觉得他样样都行，是个全能冠军。他不仅是数学家、诗人和天文学家，还是地理科学之父。

他撰写过3本关于地理的书，书中绘制了整个世界的地图，包括两极、热带地区和中间的温带地区。他还列出了400个城市的位置。

古希腊人知道地球是圆的。他们提出了两个

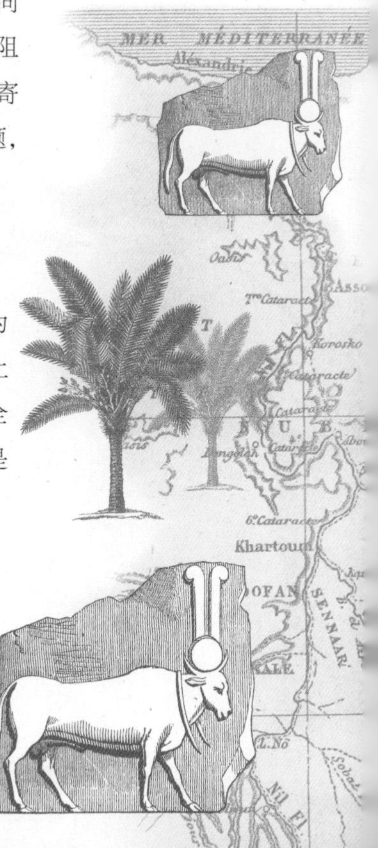

确凿的证据：首先，一艘船从岸边起航后，是从底部开始逐渐向上消失不见的。显然，这艘船不仅是因为越远越小才看不见，也是因为到了地平线之下，这意味着地球一定是圆的。其次，他们认识到月食产生的原因是地球的影子，而那片阴影是弧形的。

测量地球

知道地球是一个球体后，埃拉托色尼就想知道它的直径。亚历山大城以南800千米处，在现在的苏丹共和国边境旁，坐落着赛伊尼（今阿斯旺的旧称）小镇。这附近的尼罗河上有一座象岛，岛上有一口井。埃拉托色尼发现，如果在仲夏时节的正午站在井边向下看，只要人的头没有把阳光完全挡住，任何人都可以看到阳光的反射。这表明当时太阳正好在人头顶的上方。时至今日，井仍在那里，但不幸的是它现在已经干涸了，里面都是碎石。

回到亚历山大城，埃拉托色尼垂直于地面插了一根日晷指针（木棍），选了仲夏的一天中午测量了太阳的角度，或者说是木棍与它地面上的影子所形成的角度，得出结果是7.2°，即下页图中角A。

这个角度与角A^*相同，因为这两个角分别在平行线之间的内错角上。角A^*是亚历山大城和赛伊尼两处与地球中心的连线形成的角度；因此，埃拉托色尼进行了如下简单计算：

亚历山大城和赛伊尼之间的角度 = 7.2°

亚历山大城到赛伊尼的距离 = 800千米

从亚历山大城绕一圈回到亚历山大城的角度，即整个地球的角度 = $360^\circ = 50 \times 7.2^\circ$

因此，绕地球一周的距离 = $50 \times 800 = 40\,000$千米。

亚历山大城到赛伊尼的距离是由当时官方的测量员（测量者均受过专业训练，每一步的距离相等，通过计算步数得出距离）测量得到的，当时埃拉托色尼以“斯塔德”（stade，古希腊长度单位）而不是千米为单位算出结果。虽然不确定“斯塔德”究竟有多长，但据我们所知，他对地球周长的估算已经接近今天的准确值40 076千米。

计算时，埃拉托色尼假设赛伊尼位于北回归线，在亚历山大城以南，并且假设地球是一个完美的球体。这些假设都不准确。然而，2012年有人采用更准确的数据重复了他的实验，得出结果是40 074千米。

埃拉托色尼还计算出了地球轴的倾斜度（约23°），提出了闰日（2月29日）。他制作过浑天仪——一个被太阳、月亮和其他天体环绕的地球模型，还计算过地球到太阳的距离和太阳的直径（不是很准确）。遗憾的是，由于公元前48年的一场大火，亚历山大图书馆内大部分馆藏被烧毁，他在许多学科上的研究大部分都丢失了。

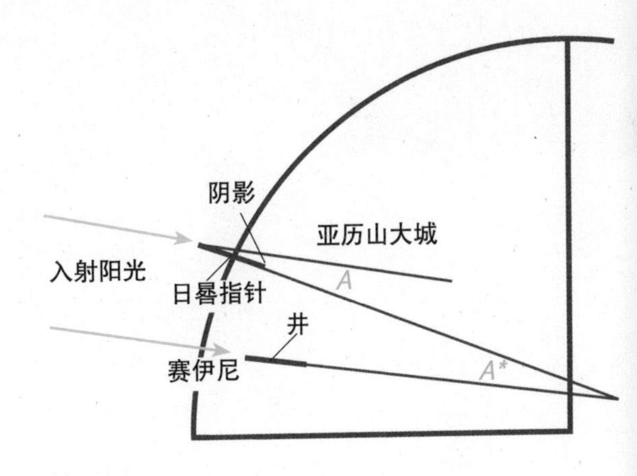

约公元
250 年

相关数学家：

亚历山大城的丢番图

结论：

丢番图可能是第一个用x等字母符号代表数字的人。

代数之父多少岁？

在算术中使用字母

人们对于亚历山大城的丢番图所知甚少。我们不知道他具体的在世时间，只能大致猜测他出生于公元3世纪早期，活跃于公元250年左右。

他之所以被称为“代数之父”，是因为他似乎是第一个用字母表示数字并以此求解方程的人。虽然他尽可能地使用整数，但他确实承认简分数也是数字。

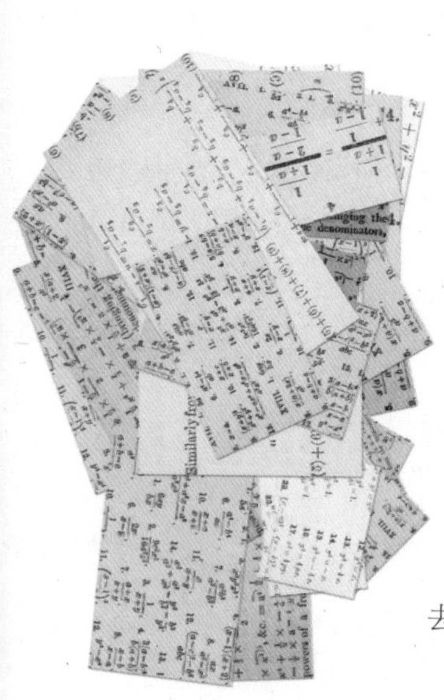

年龄几何？

公元500年，《希腊诗文选》（*The Greek Anthology*）中记述了一个谜题，问的是丢番图去世时的年龄，谜面是这样的：“他的童年占了一生的$\frac{1}{6}$；在人生又过了$\frac{1}{12}$的时候，他长了胡子；在人生再过了$\frac{1}{7}$的时候，他结了婚，5年后有了儿子；可儿子享年仅父亲的一半，父亲在儿子去世4年后也离开了人世。”

这道题的一种解法是借用代数，代入丢番图方程（Diophantine equation）中来计算。首先，令他去世时的年龄为x。

然后可以将这道题写成$x = \frac{x}{6} + \frac{x}{12} + \frac{x}{7} + 5 + \frac{x}{2} + 4$

结果是：$9x = 756$，$x = 84$。

这道题的另一种解法，是从丢番图偏爱整数的这个习惯入手，推测出他的年龄必须同时被12和7整除。即，$12 \times 7 = 84$。接着，带入这道题其余的条件演算一下，就可以很利索地算出答案。

《算术》

丢番图写过一本名为《算术》(*Arithmetica*)的书。这本书总共13卷，但只有6卷流传于世。书中罗列了130个问题，分别给出了数值解。

《算术》是关于代数的第一本关键著作。这本书不仅对希腊数学有重大影响，而且对阿拉伯及后来的西方数学也有巨大影响。除了使用符号表示未知数之外，丢番图还使用了符号来表示“等于”，不过不是“=”。我们现在能使用等号“=”，要感谢英国数学家罗伯特·雷科德。

丢番图的方程大部分是二次方程，关于x^2和某种形式的。对我们来说，这样的方程有两个解。例如，等式

$x^2 + 2x = 3$

可以解为：

$x = 1$或$x = -3$

但丢番图从来没有费心去寻找一个以上的解（或“根”），并且会忽略负数不计。在他看来，负数是无意义的，或者说是荒谬的。如果你只是用数字计算对象的数量，这倒也合乎逻辑，毕竟没有-3个苹果这样的概念。此外，他也没有零的概念。

尽管有这些小缺点，丢番图本质上仍是代数的奠基人，同时他在数论上也取得了重要成就。一位法国数学家阅读了《算术》，使丢番图名声大噪。

费马大定理

丢番图去世后的几个世纪，《算术》给数学界带来了诸多启发，数学中最著名一个定理也因此诞生。皮埃尔·德·费马生于1601年，是法国图卢兹议会的一名律师，也是一位颇有天赋的业余数学家。他在数学上取得了几项重大进步，他的猜

想在后世逐渐被证明是正确的。

丢番图在《算术》中讨论了毕达哥拉斯定理（参阅第24页）。这涉及方程

$$a^2 + b^2 = c^2$$

费马在这本书的空白处（用拉丁文）潦草地写道：

一个立方数不可能用两个立方数之和来表示，一个四次方数也不可能用两个四次方数之和来表示。通常来说，任何一个大于2幂次的数，都无法写为两个同幂次的和。

换言之，费马将毕达哥拉斯定理的公式扩展为

$$x^n + y^n = z^n$$

并且，他断言道，如果n大于2，则方程没有整数解。然后他写道："我发现了一个绝妙的证明方法，不过这面的页边实在太窄了，写不下。"

这句话写于1637年左右，费马没有公开发表，也没有告诉任何人。他有个没有证据就下断言的习惯，不过往往说的都没错。他于1665年去世，1670年他的儿子发表了他的著作集。一时间，全世界的数学家都陷入了这个特殊问题的困局中，开始着手寻找证明。这个令人烦恼的谜题被称为"费马大定理"。

有人悬赏数千英镑就为解出这个难题，但也得到了数千个错误的答案。尽管如此，数学家们仍一直埋头苦算。1994年，英国数学家安德鲁·怀尔斯在苦苦挣扎了30年之后，终于破解了这个难题，给出了一个既长又复杂的解题过程（参阅第163页）。

不过，怀尔斯使用了一些高等现代数学中的概念，费马那时候并没有这些概念。那么，费马真的想到了一个非常巧妙的证明吗？我们可能永远都不得而知。

何谓无？

约公元628年

相关数学家：

婆罗摩笈多

结论：

虽然当时有人使用位值制，还将零作为占位符，但早期的数学家并没有把零当成数字。

零的值

“零”（zero）这个词，来自阿拉伯语“sifr”，意为“空无一物”。斐波那契将十进制引入欧洲时，将“sifr”译为“zephyrum”，这个词先是在意大利语中变成了“zefiro”，后经威尼斯人进一步简化为“zero”。

我们使用的是位值系统。用321这个数字举例，它表示3个100、2个10和1个1，总计321。也就是说，位值制中每一位数字的值，取决于这个数字在一串数字符号中的位置。公元500年，以梵文书就的天文论著《阿里亚哈塔历书》（*Aryabhatiya*）对位值制下了定义，称其为“每进一位，是前一位的10倍”。

零是数字吗？

“零”非常独特。有时，它用来表示数量。例如，有人问：“这个碗里有几个苹果？”你可以回答“零个”（或“没有”）。与此同时，它还是一个占位符。例如，203这个数字中，0表示十位上没有数量，如果没有0作为占位符，这个数字就成了23。因此，我们把0放在十位上。

几千年来，人们都用不上零。在算个数、人数、天数的时候，零毫无用武之地。试想你有3个坚果，再拿走这3个坚果，就什么也不剩下了，这压根儿不需要数字。日常生活中也不需要零来给事物排序——队伍里第一个人，本月第二个星期四……但终归用不到零。

古希腊人没有零。他们不确定“0”算不算一个数字；没有就是没有，没有怎么表示呢？他们当时使用字母来表示数字，但到公元130年，托勒密在他的著作《天文学大成》（*Almagest*）一书中，用符号 ō 表示了零。

位值制在一些古代文明中继续发展，诸如古巴比伦人和古埃及人，他们就会用符号表示零。不过，还有些人采取了留白的方式，这就可能导致手写数字的混淆，例如“2 3”这个数字，表示的是203、2 003还是20 003？中美洲的奥尔梅克人（Olmecs）使用的长计历（Long Count）中就有用作占位符的符号。

罗马数字很适合计数。实际上，它就是一个计数系统，但别指望能用来运算。想做数学运算，你需要一套位值系统，最好再加上一个零。

零的发明

据书面记载，第一个研究零的人是一位年轻的印度数学家，名叫婆罗摩笈多。他出生于公元598年，后来担任过天文台台长。公元628年，在《婆罗摩修正体系》一书中，他用梵语记录下了行星的运动及其路径的计算过程，并以零作为占位符。不仅如此，他还在这本书中展示了如何将零作为数字使用。

为了让大家都能理解他所讨论的问题，他首先将零定义为“一个数字与自身相减的结果”。然后，他给出了在数学运算中使用数字零的第一条精确的规则：

> 两个正值的和为正，两个负值的和为负；正数和负数之和是它们的差；如果正和负的两个数完全相同，则和为零。负数和零的和为负，正数和零的和为正数，两个零之和为零……零和负数，零和正数，或两个零的乘积均为零。

但是，关于零的除法，他的结论与我们现在的并不相同。他说零除以零等于零，但对其他数字除以零这一点着墨甚少，仅是一笔带过。那么问题来了，已知4除以2，结果是2；4除以1，结果是4；4除以$\frac{1}{2}$，结果是8；4除以$\frac{1}{100}$，结果是400。随着除数越来越小，答案会越来越大。这是否意味着，零作为除数时，得到的结果等于无限大呢？不，并不是。你倒推一下就会知道，无穷大乘以零，并不等于4。不仅如此，如果1除以零结果是无限大，2除以零也是无限大，则$1 = 2$。唉！所以嘛，零作除数并没有实际意义，或者说结果只可能是“不确定的”。零，可真是朵“奇葩”。

接受零的概念

零的概念从印度传播到了美索不达米亚，阿拉伯的数学家们意识到了它的重要性。之后西方世界也知道了零，我们现在使用的“阿拉伯数字”，实际上是通过美索不达米亚传过去的印度数字。

格奥尔格·康托尔提出集合论（参阅第28页）之后，当今数学家从集合的角度将零定义为空集。对此，英国数学家伊恩·斯图尔特风趣地说：“这其实是个什么藏品都没有的收藏，就和我的劳斯莱斯古董车收藏一样。”空集成了整座数学大厦的基石。

零是介于-1和$+1$之间的整数。因为0被2除没有余数，所以零也是偶数。不过，它既不是正数也不是负数。它也不是质数，因为任何数字乘以零都等于零。当然，用任何实数除以零都没意义，因为答案并不确定。

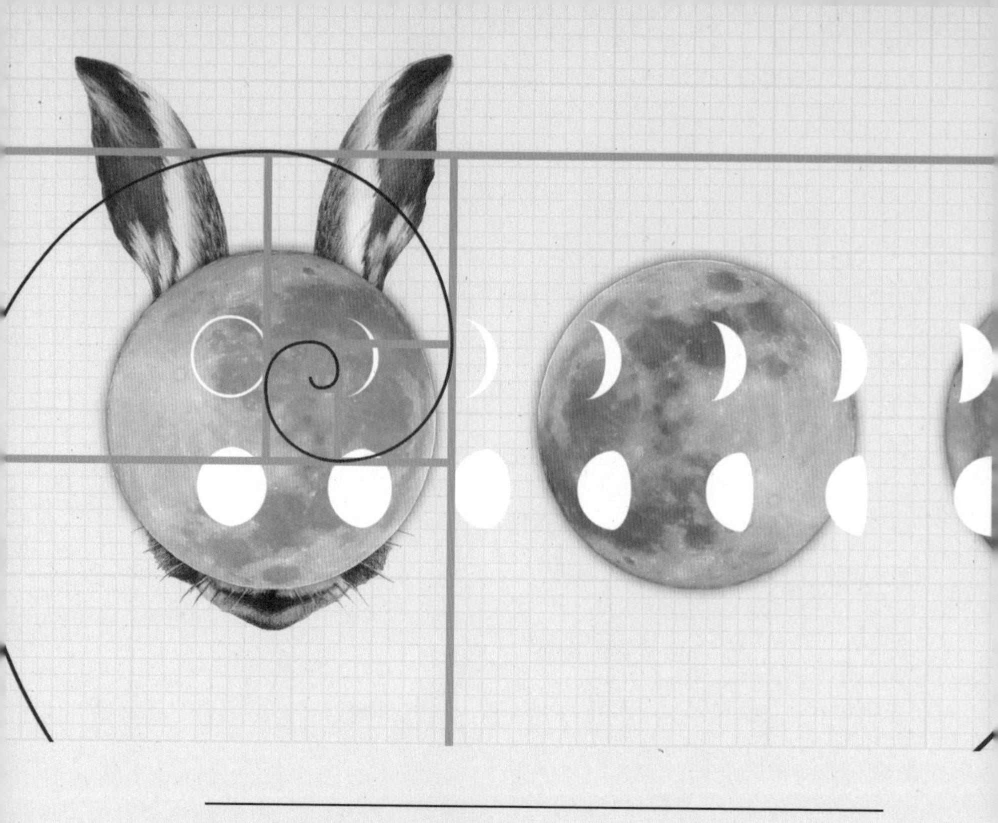

3. 兔子与现实：公元 629—1665 年

数字和数学，源自我们对周围世界的观察。例如，计算月运周期（又称“太阴周”）的天数，测量山脉的高度或者田野的面积。纵观历史，数学家们从未停止对现实世界的探究，并以此孜孜不倦地推动着数学的发展。兔子给了斐波那契灵感，这才有了他对数学最著名的贡献；天花板上的苍蝇启发了笛卡儿，他的数学才华因此闻名于世。

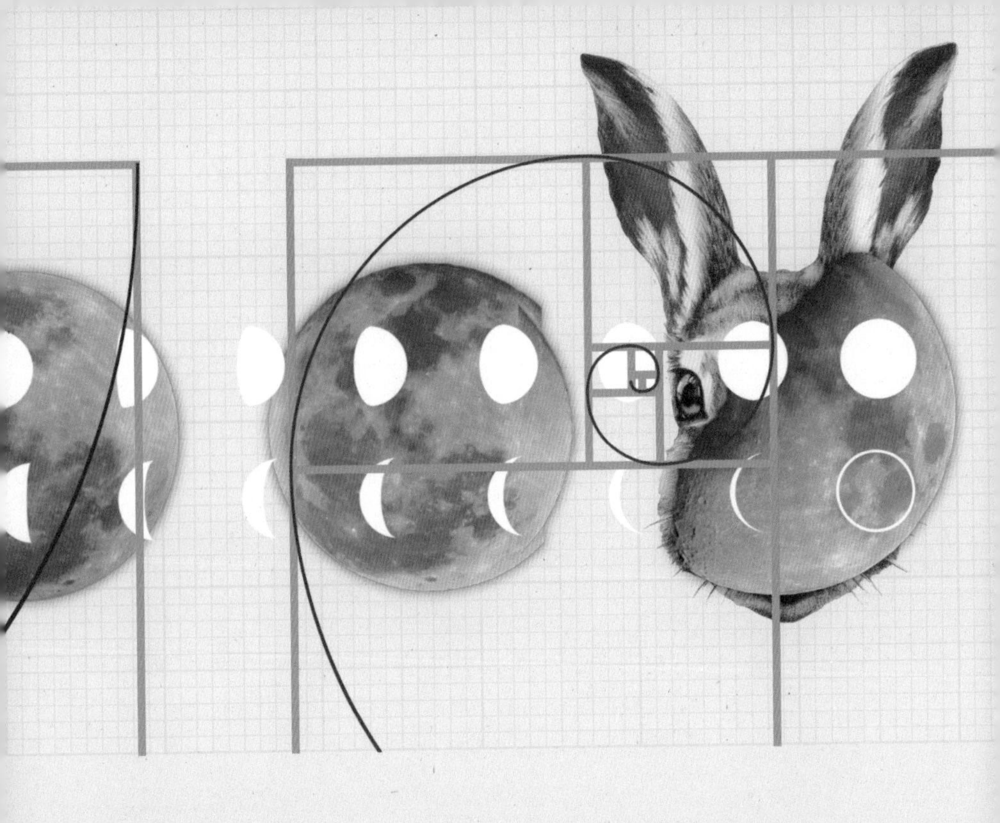

然而，人们接纳了零，也改变了一切。零，明明表示的是“无”，是“什么都不存在”，怎么可能表示一个数量呢？如今，数学不必囿于现实世界。数学家学会了处理现实中并不存在的数量。拉斐尔·邦贝利意识到，虚数肯定是同时又不可能是真实存在的。“无限小”的观点启发了开普勒，后来的牛顿和莱布尼茨也因此在17世纪取得了巨大突破。

约公元
820 年

相关数学家：

阿尔－花剌子模

结论：

在伊斯兰黄金时代，数学的发展方向发生了改变。

不用数字能运算吗？

求解二次方程

《古兰经》是伊斯兰教的经典。单就鼓励科学研究这一方面，《古兰经》在主流宗教书籍中几乎称得上独一无二。它敦促忠实的伊斯兰信徒们去观察鸟类的飞行、雨水的降落等自然现象。这种对科学研究的认可和支持，对揭开自然界的奥秘产生了深远的影响。

智慧之家

截至公元750年，阿拉伯帝国的疆域西起西班牙，横跨北非，途经阿拉伯半岛、叙利亚和波斯，东抵现今巴基斯坦的印度河。公元786年9月14日，哈伦·阿尔－拉希德就任阿拔斯王朝的第五任哈里发。他将文化带入了宫廷，并着手建立起各类知识学科。哈伦·阿尔－拉希德于公元809年去世，他的小儿子阿尔－马蒙继任哈里发。公元830年，阿尔－马蒙创办了一个名为“智慧之家”的学术机构，主张将希腊的哲学和科学著作翻译成阿拉伯语，并开始修建图书馆用来收藏这些手稿。

在伊斯兰黄金时代，出现了一位年轻的波斯人。公元780年左右，他出生于现在的乌兹别克斯坦。他的全名叫穆罕默德·本·穆萨·阿尔－花剌子模，人们通常称他为阿尔－花剌子模。在阿尔－马蒙的资助下，他撰写了数学、地理和天文学等方面的书籍，并成了巴格达“智慧之家”图书馆的馆长。

印度数字

阿尔－花剌子模的畅销书《印度数字算术》(*On the Calculation with Hindu Numerals*)，约于820年成书，最重要的影响就是将印度的数字系统传播到整个中东和欧洲（参阅第15页）。他在这本书中展示了如何将这些陌生的数字用于运算，并介绍了解题技巧。例如：

> 如果3个人可以用5天种完一片庄稼，那么4个人多久可以种完呢？
>
> 针对这个问题，你先写下题中所涉及的数字：
>
> 3 5 4
>
> 然后将前两个数字相乘（$3 \times 5 = 15$），再除以第三个数字（$15 \div 4$），答案为$3\frac{3}{4}$或者说3.75天。

代数之父

阿尔－花剌子模的代数书，首次提出了线性方程和二次方程的系统解法。他在代数方面的主要成就之一，是通过配方法来求解二次方程。例如，如何求解方程$x^2 + 10x = 39$？他首先将x设为正方形的边长，再沿正方形的四边作四个外接矩形。每个矩形的长为x、宽为$\frac{10}{4}$（$\frac{5}{2}$），这样得到的四个矩形面积之和为$10x$。依据方程，已知该正方形加矩形的面积总和为39。

然后，在四个角空缺的地方，分别补上面积为$\frac{25}{4}$的小正方形，从而得到了一个大正方形，这个大正方形的总面积为$39 + 25$（64）。由此可得，大正方形的边长为$\sqrt{64}$（8）。这意味着中间正方形的边x，等于（$8 - 2 \times \frac{5}{2}$），即3。方程$x^2 + 10x = 39$的解便求出来了，$x = 3$。

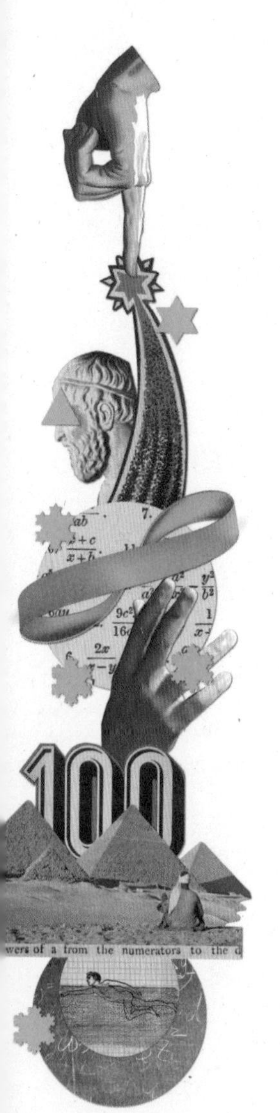

这是第一本将代数划为一门独立学科的著作，介绍了移项（al-jabr）及合并同类项（al-muqabala）的方法。“al-jabr”一词，意思是“减少”或“接合断骨”。我们现在用的“代数”（algebra）正是源自这个词。解方程式的第一步，就是将等式两边的负数单位和根移到另一边，将其消除。由此，我们可以将$x^2 = 10x-5x^2$整理为$6x^2 = 10x$。

“al-muqabala”一词，意思是将同类的东西放一起。由此，我们可以将$x^2+25 = x-3$整理为$x^2 + 28 = x$。但是，由于我们现在用的记法那时还没发明，他必须用语言去描述。比方说，当他这样描述：“将10分为两部分，一部分和自身相乘后等于另一部分的81倍。”以现在的方程写出来就是

$$(10-x)^2 = 81x$$

阿尔－花剌子模被人称为“代数之父”（与丢番图齐名，参阅第44页）。希腊的数学概念本质上是关于几何的。这一新的代数领域，让数学家可以讨论有理数、无理数和几何尺寸。

阿尔－花剌子模不仅对纯数学感兴趣，而且对许多日常生活中的数学也有涉猎——

> 算术中最简单、最实用的应用场景，例如：男人如何继承遗产，如何分工，如何进行诉讼、贸易以及彼此之间的交易，又或者如何测量土地、开凿运河、计算几何，以及各种各样的其他对象。

英语中的“算法”（algorithm）一词，便是源自他的名字。算法最初表示如何通过阿拉伯数字运算，现在更常用来指一系列的规则，一般用于解决与计算机相关的计算问题，还会用来表示其中所涉及的步骤和方法等过程。

有多少只兔子？

自然中的数列

1202 年

相关数学家：

斐波那契

结论：

数学、艺术和自然界中，有一串数列无处不在。

比萨的莱昂纳多出生于1170年左右，恰好在1173年——著名的斜塔开始建造之前。人们习惯喊他斐波那契，这是斐那乌斯·波那契（Filius Bonacci，意为“波那契的儿子”）的简称。他的父亲不仅从商，还是一位海关官员。斐波那契年轻时曾与父亲在地中海周边旅行，其间学到了来自印度的“阿拉伯数字”（参阅第15页），还从遇到的商人那里了解到了各种形式的算术。

1202年，他的重要著作《计算之书》问世，正是这本书将“阿拉伯数字”引入了欧洲。不仅如此，该书还讲述了一个兔子的故事，这个故事普及了一串非常有意思的数列。

斐波那契繁衍的兔子

兔子

假设田野里有一对小兔子。第一个月，它们还太小，不能生育，但到第二个月末，它们长大了，并生出了一对小兔子。它们的后代在两个月后继续繁衍。每对刚出生的小兔子都要成长两个月，才能生育下一代，在这之后每个月都能生一对小兔子。因此，这个兔子部落逐渐壮大起来。

斐波那契的问题如下：这样生下去，每个月初有几对兔子？开始的两个月，田野里都只有第一对兔子。但第三个月，它们的

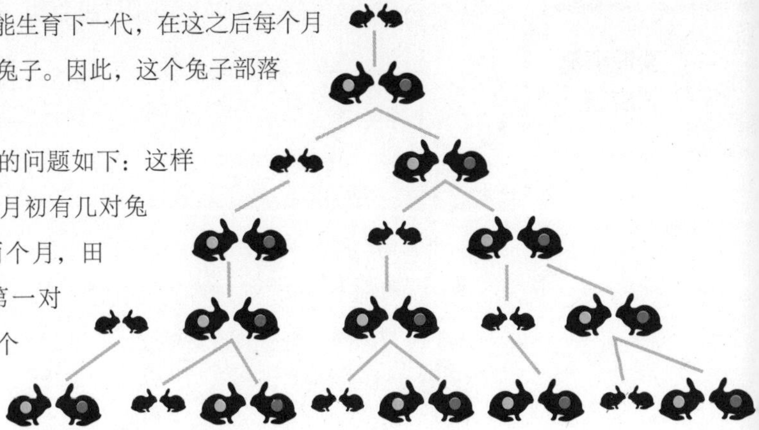

孩子出生了，所以有两对兔子了。到第四个月，第一对又生了一对，这就有了三对。再下个月，第二对兔子也能生育小兔子了，兔子的总数升至五对。

这个数列排列为

1，1，2，3，5，8，13，21，34，55，89，144，233，377，…

每个数字都是前两个数字相加的和：1 + 1 = 2；5 + 8 = 13；89 + 144 = 233。

数学中的斐波那契数

这个无限长的数列具有许多奇怪的特征，并遵循了一些有趣的数学模式。例如，每3个连续的数中有且只有一个被2整除，每4个连续的数中有且只有一个被3整除，每5个连续的数中有且只有一个被5整除。这个数列无处不在——每个正整数都可以表示为斐波那契数的和。而且，人们还发现斐波那契数有数不尽的奇怪之处，一个比一个奇异难寻，比如第11个斐波那契数89，用1除以它，你就会发现答案等于0.011 235。

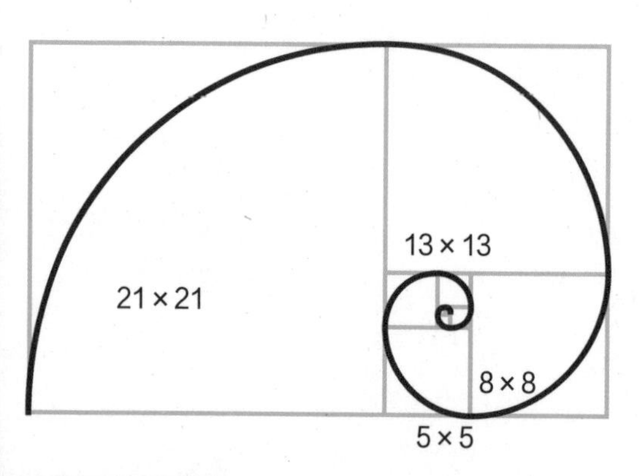

斐波那契螺旋线

自斐波那契的时代起，数学家们就发觉这个数列耐人寻味。比如，你可以在帕斯卡三角形（杨辉三角形，又称“贾宪三角形”）中找到斐波那契数。帕斯卡并不知道怎么用斐波那契数，但帕斯卡三角形（左对齐后）的每条对角线上，你都能找到它们。不仅如此，芒德布罗集中也意外地发现了斐波那契数列的身影。芒德布罗集中的每个分形图案，都是由多个与其相同的更小的图案组成。该集合中的数和斐波那契数可以精确匹配。

此外，在对数数列、质数乘法数列、二进制数学和编程算法中也不乏斐波那契数。这么普遍的存在显然不是巧合。正是由于这一基本属性，数学家们被一次次地吸引过去。

斐波那契是在研究兔子种群的增长时发现的这一数列。因此，在人口增长和种群动态模型的研究中也存在斐波那契数就不足为奇了，这个数列甚至还可以预测城市地区的扩张。不过，更出人意料的是，它们在经济增长模型中也出现了。

在自然界中，植物的生长过程中也存在斐波那契数，例如围绕植物的茎干螺旋生长的叶子数和花瓣数。

很明显，斐波那契数是事物增长方式的反映。正如斐波那契所认同的那样，事物很少以加倍的形式增长。增长的过程通常是一环扣一环，斐波那契数完美地反映了这一点。因此，哪里有增长，哪里就可能有斐波那契数。

“黄金分割率”

在艺术和建筑领域，斐波那契数一直占据着重要地位。数列中的数字靠“黄金分割率”关联在了一起。不论用斐波那契数中的哪一个数字除以前面一位，得出的答案都接近“黄金分割率”——1.618。$8 \div 5 = 1.6$，$13 \div 8 = 1.625$，$21 \div 13 \approx 1.615$。不难看出，数字越大，除得的答案就越接近1.618。黄金分割率（也称“黄金均值”），其表达式为$(a + b) \div a = a \div b$。

黄金比例尤为令人愉悦。从古希腊人到勒·柯布西耶等建筑师，从莱昂纳多·达·芬奇到萨尔瓦多·达利等画家都爱用黄金比例构图。

1572年

相关数学家：

拉斐尔·邦贝利

结论：

邦贝利证明了虚数是真实存在的。

数字都是实数吗？

−1的平方根

数字怎么可能是“虚”的呢？虚数确实存在。400多年前，意大利数学家拉斐尔·邦贝利首次着重讨论了虚数。

何谓虚数？

谈到虚数，绕不开平方根和负数的概念。一个数字与自身相乘时，这个数字就是乘得的数的平方根。由$3\times3=9$，可知9的平方根是3；由$2\times2=4$，可知4的平方根是2；同理，$1\times1=1$，所以1的平方根是1；依此类推。但是负数的根呢？问题来了，因为当两个负数相乘时，会得到一个正数，比如：$-2\times-2=+4$；$-1\times-1=+1$。因此，负数的根肯定存在，但无法求得。它既是真实的也是虚构的。

很久以前，古代埃及人就发现了这种自相矛盾的情况。距今约2 000年前，古希腊思想家亚历山大城的希罗也有一段困惑的经历。那时，他正在尝试计算一座没有塔尖的金字塔的体积，要求出81−144的平方根。当然，答案是$\sqrt{-63}$。但这并不是一个明确的答案。因此，希罗只好将负号换成正号，说答案是$\sqrt{63}$。很明显，这个答案是他胡诌的。但除此之外，别无他法。在他那个时代，大家讨论负数都得小心翼翼，更别提负数的平方根了。

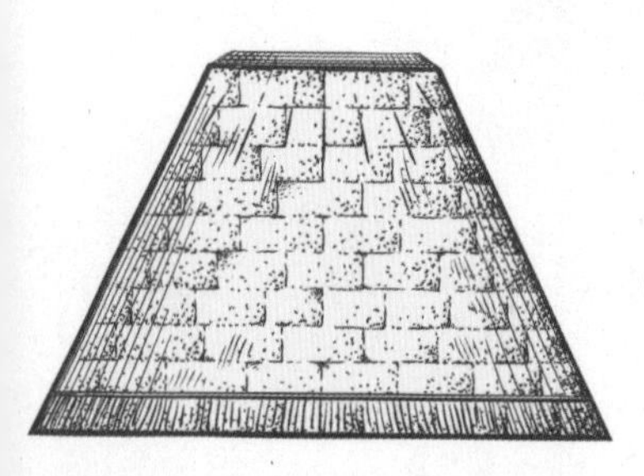

文艺复兴时期的数学竞赛

16世纪，随着意大利数学家们竞相求解立方方程（表达式为$ax^3+bx^2+cx+d=0$），这一困境再次浮出水面。解这类方程式涉及求负数的根，因此

人们认为这类方程无解。当然，意大利的文艺复兴为数学提供了发展的温床，解决这个难题能够获得终极奖励。1535年，数学界重量级人物尼科洛·丰坦纳·塔尔塔利亚和希皮奥内·德尔·费罗在竞赛的紧要关头取得了突破。尽管费罗才是实际上的第一名，但塔尔塔利亚凭借更深入的论据赢得了第一轮比赛，在博洛尼亚大学数学竞赛中取得了胜利。

但是10年后，才华横溢的赌徒吉罗拉莫·卡尔达诺得到了费罗的笔记，并创作了《大衍术》(*Ars Magna*)这本重要著作，由此投身战局。在书中，他认为-1的根是可能存在的，但它完全无用。凭借卡尔达诺求解三次方程式的巧妙方法，卡尔达诺的学生、年轻聪颖的洛多维科·费拉里向塔尔塔利亚发起了另一场数学对决。这次，塔尔塔利亚知道自己必输无疑，因此灰溜溜地宣布退休了。

尽管这些竞赛中的解题方法屡涉虚数，但虚数总是被当成“花招”，而不是实际的数量。

邦贝利加入战局

这个时候，邦贝利也加入了这场关于虚数的混战。1572年，邦贝利出版了一本非常棒的著作，书名就是简单的一个词——《代数学》(*Algebra*)，以通俗易懂的方式简要阐释了该学科的相关内容。

在书中，他提出了虚数和复数的问题。实数和虚数合在一起，统称复数。邦贝利的观点非常清晰，具有开创性。

他证明了两个虚数相乘等于实数，并展示了如何使用负数的平方根。他将-1的正平方根称为“负数的正平方根”，并将-1的负平方根称为“负数的负平方根”，并提出了使用虚数的简单规则：

负数的正平方根乘以负数的正平方根等于负数：

$[+\sqrt{-n} \times +\sqrt{-n} = -n]$

负数的正平方根乘以负数的负平方根等于正数：

$[+\sqrt{-n} \times -\sqrt{-n} = +n]$

负数的负平方根乘以负数的正平方根等于正数：

$[-\sqrt{-n} \times +\sqrt{-n} = +n]$

负数的负平方根乘以负数的负平方根等于负数：

$[-\sqrt{-n} \times -\sqrt{-n} = -n]$

他一开始也认为这是个骗局。“这全部像是建立在诡辩之上，夸夸其谈，没有事实的依据。”他如是说，“然而，我找了很久很久，终于我真的证明了这个（真的结果）。”

虚数单位i

接下来的两个世纪中，部分数学家接受了负数的根，但还有一些人拒不接受。最后，瑞士数学家莱昂哈德·欧拉（1707—1783）找到了突破困境的方法。他引入了“虚数单位”，用符号“i”表示，i的平方是-1。所以i也可以写成$\sqrt{-1}$。欧拉的见解意味着，只要用i乘以该数字的平方根，就可以将任何负数的平方根表示在方程中。他接着谈到，所有负数$\sqrt{-1}$、$\sqrt{-2}$、$\sqrt{-3}$等的根都是虚数，但是叫它们“虚数”，并不意味着它们不存在，这只是一个数学术语。

虚数以及负数的平方根，究其核心可能是个谜，但这并不影响我们使用它。的确，如今的我们很难想象没有虚数的生活。虚数对于尖端的量子科学来说至关重要，在飞机机翼和悬索桥的设计中也不可或缺。它们是虚构的，因为它们无法标记为任何实数；但是它们也是“真实的”，因为它们是真实世界的一部分。因此，它们既是虚构的又是真实的，既可能又不可能。邦贝利真是了不起！

如何用骨头做加法？

乘法的首次简化

1614 年

相关数学家：

约翰·奈皮尔

结论：

对数、计算器和计算尺的发明。

1550年，约翰·奈皮尔出生于苏格兰爱丁堡附近的默奇斯顿城堡。自爱丁堡龙比亚大学默奇斯顿校区建成后，他的出生地便成了这座校园的一部分。1571年，奈皮尔的父亲去世。奈皮尔继任为默奇斯顿第八代领主（男爵）。

黑公鸡

奈皮尔是一位狂热的发明家，尤其热衷于军事装备，人称“默奇斯顿的妙想家”。当地人说，奈皮尔可以预知未来。他养了一只黑公鸡，据说这只鸡能看穿人的秘密行径。一次，城堡里的一些贵重物品被盗了。奈皮尔将他的仆人们都喊进了楼上一个黑暗的房间，每一位仆人都必须用手摸那只公鸡。他声称，只要犯下罪行的人碰到这只公鸡，它就会打鸣。但是，当仆人们轮流去摸公鸡的时候，公鸡全程都一声不吭。接下来奈皮尔把他们带到了另一间明亮的房间里，要求他们举起手来。结果发现除了一个人之外，其他所有人的手都是黑的。而恰恰是这个手上没沾到黑灰的仆人犯了盗窃罪，因为他不敢触碰公鸡。通过在鸡身上撒黑煤灰的办法，奈皮尔一举识破了窃贼的面目。

对数

不仅如此，奈皮尔还是一位才思敏捷、热情洋溢的物理学家和天文学家。与当时的其他科学家一样，他将大部分的时间都花在了枯燥乏味的计算上，这在很大程度上拖了研究的后腿。1590年左右，

他发现了一种简化计算的方法——对数（记为“log”）。他花了20多年计算数字的对数，并于1614年将他的发现出版成书，这本著作是《奇妙的对数表的描述》（*Mirifici Logarithmorum Canonis Descriptio*）。

奈皮尔研究的对数，类似于我们现在所说的“自然对数”，记为$\ln(x)$或$\log_e(x)$。一个数的自然对数，指的是以常数e为底，结果为真数x的幂a，这个公式表示为：

$\ln(x) = a$

这样的话，可知

$e^a = x$

因此，$\ln(2.74) = 1.008\ 0$意味着$e^{1.0080} = 2.74$，而$\ln(3.28) = 1.187\ 8$意味着$e^{1.1878} = 3.28$。这些值都可以从对数表中查到。

为什么要用对数？假设你想计算2.74×3.28。放在今天，你只要用计算器就能得出答案了，但是在17世纪可没有计算器。因此，当时人们必须做很长的乘法运算。但有了对数就不一样了，你只需要把对数加起来：

$1.008\ 0 + 1.187\ 8 = 2.195\ 8$

然后在对数表中查找2.195 8。找到它是8.987 2的对数，便得到了答案。

换句话说，如果采用对数，就不需要费劲去做乘法，简单相加即可。

英国数学家亨利·布里格斯在了解到对数之后，惊叹不已，于是动身北上，拜访了奈皮尔。据传言，他们一见面就惺惺相惜，整整15分钟都不知道说什么才好，等到布里格斯缓过劲，他说道：“天哪，我长途跋涉过来……不为别的，就是来拜访您，领略一下是怎样过人的才智，让天文学有了最得力的计算工具——对数。”

没过多久，布里格斯改良了奈皮尔的对数，转换成以10

为底数的对数。自那以后，他的对数表被学生们沿用了几个世纪。

奈皮尔的骨算筹

接着，奈皮尔还发明了第一个实用的袖珍计算器，后来被称为“奈皮尔棒”，更广为人知的叫法是“奈皮尔骨算筹”。他在去世前不久出版的著作《算筹计数法》（*Rabdologia*[1]，1617）中有所描述。

实际上，这些骨算筹记在扁棒上的乘法表，借用了阿拉伯的格子乘法。关于这一乘法，斐波那契在《计算之书》中解释过（参阅第55页）。这个办法非常巧妙，并且易于使用。计算的时候，每一列都是该数字的乘法表。

一个多世纪以来，骨算筹深受人们的青睐。1667年，伦敦作家塞缪尔·佩皮斯29岁开始学习算术，他写道：“乔纳斯·摩尔（他的老师）来到教室，教了我奈皮尔骨算筹，用途十分强大。”

计算尺

奈皮尔提出对数后，威廉·奥格特雷德牧师在1622年左右发明了计算尺。计算尺上以对数为刻度，可以通过简单的加法进行乘法计算，此外也可以用于除法运算和三角函数计算等。几百年来，计算尺已成为工程师和科学家的标准计算工具。

1 Rabdologia，奈皮尔自创的词汇。

1615年

相关数学家：

约翰内斯·开普勒

结论：

为了确保物有所值，开普勒采用了无穷分割法来计算酒桶的容积。

酒桶有多大？

无穷分割法算体积

1609年，天文学家约翰内斯·开普勒发现了行星的椭圆形轨道和行星运动的三大定律，因此闻名于世。不仅如此，他在数学领域也做出了重要贡献，特别是在计算复杂形状的面积和体积方面。

立体的体积

计算一个立方体或者一座金字塔的体积很简单。不过，1615年，开普勒发明了一种巧妙的方法计算其他立体的体积，并找到它们的最大值（最大体积）。

在经历了一生中相当动荡的一段时期之后，开普勒迎来重大发现。受神圣罗马帝国皇帝鲁道夫二世的任命，开普勒自1601年以来一直担任皇家数学家，主要承担宫廷的占星事务。然而，1612年鲁道夫二世驾崩，帝国政界一时间动荡不堪，开普勒的工作也因此受到了威胁。同年，他的妻子芭芭拉因患匈牙利斑疹热离世，他的小儿子也感染了天花夭折。雪上加霜的是，他的母亲卡塔琳娜被指控为女巫而受到审判。他从皇城布拉格搬到了安静的奥地利城市林茨，并决定再次结婚。仔细研读了候选的适婚女子名单后，他最终选择了24岁的苏珊娜·罗伊特林格。也正是他们的婚礼庆典，为他带来了有关计算体积的灵感。

婚姻中的数学

作为一位负责任的新郎，开普勒希望自己的每一分钱都花在实处。在和林茨的酒商买酒时，他发现这里的酒桶和他老家莱茵兰的酒桶形状并不相同。于是，他想搞清楚和林茨的酒商做买卖到底划不划算。这些酒桶都存放在一边，商人们只往酒桶中间的一个孔插入一根杆子，就能测量出酒桶里有多少酒。他将一根杆子沿着倾斜方向推到桶底的边缘，然后查看这根杆子被酒弄湿了多少。这个测量办法也许适用于林茨的酒桶，但其他形状的酒桶也可以用相同方法吗？

对开普勒来说，这成了一道有趣的智力题。接下来的两年，他分析了所有情况，并于1615年出版了《测量酒桶的新立体几何》（*New Solid Geometry of Wine Barrels*），在这本书中陈述了他的分析。这个独特的书名，确实配得上里面开创性的数学观点！

首先，开普勒研究了计算面积和体积（尤其是曲面的形状）的方法。针对曲面，数学家长期以来使用的理论是“不可分割的元素”——太过于细小而无法分割的元素。从理论上来讲，这些组成部分可以塞进一个规则形状中并累加起来。例如，你可以用一堆近似扇形的细长三角形求得一个圆的面积。这是阿基米德估算值的方式。

在计算行星轨道的椭圆面积时，开普勒就采用了这个思路。但开普勒没有用阿基米德针对圆形使用的三角形方案，而是受到14世纪法国哲学家尼科尔·奥雷斯姆的启发，将椭圆分割成无数个垂直条片。然后，用每个条片的垂直高度或纵坐标来计算椭圆的面积。

接受无穷小量

对开普勒来说，算酒桶的体积和其他立体形状的体积也是同样的道理。你只要在脑子里将这些物体想象成一堆薄薄的切片就好了。那么，这个物体的体积当然就是各层体积的总和。

拿酒桶来说，每一层都是一个非常扁的圆柱体，算圆柱体的体积很简单，所以算出酒桶的容积也轻而易举了。

但稍等一下。如果这些圆柱体没有厚度，它们就没有体积。那让它们变成更厚的切片如何？麻烦来了，这行不通。因为圆柱体的侧面是直的，而酒桶壁是弯的。开普勒摆脱这个麻烦的方法，是接受“无穷小”的观点——可以存在非常薄，但并不是完全没有厚度的切片。开普勒并不是第一个想到这一点的人，但却是他的研究让这一想法脱颖而出。

现在开普勒有了一种计算体积的方法。他用这个方法找出了哪种形状的桶有最大的容积，抓住了商人用一根杆子测量葡萄酒这一问题的要点。他用来计算体积的三角形，由圆柱体的高、直径和从上到下的体对角线组成。这样他就可以发问：如果这条体对角线像商人的杆子一样长度固定，那么如何通过改变高来改变体积？

事实证明，高度大约是直径2倍的深桶（如奥地利的大桶）具有最大的容积。巧的是，坐落在莱茵河岸上开普勒的故乡那边的酒桶，装的葡萄酒比其他地方都要少得多。开普勒还发现，形状越接近最大值，体积增加的幅度就越小。

微积分的基础

这一观察，在微积分的后续发展中也发挥了关键作用，它探索了极大值和极小值。开普勒采用的无穷小量也同样重要，为后来牛顿和莱布尼茨发展微积分打下了基础。数学和自然之间还是存在分歧，因为自然中的事物并不像数学那样，能被分解为数字、几何形状那样规则的组成部分。自然是持续且多变的。但是，事实证明，无穷小非常实用，不仅缩小了计算结果和实际的差距，还让数学在探索世界的过程中发挥了关键作用，带来了我们如今这些新的认知。

何谓笛卡儿坐标？

分析几何学的兴起

1637年

相关数学家：

笛卡儿

结论：

一只苍蝇给了笛卡儿启发，绝妙的坐标轴和坐标系由此诞生。

1596年，勒内·笛卡儿出生在法国中部图尔市附近。他家境优渥，被家人送往拉弗莱什区的一所耶稣会学校就读。这所贵族学校仅对富人开放。由于身体不好，他不用和其他学生一样凌晨5点就要起床，学校允许他在床上读书，直到11点再起床。这个习惯陪伴了他一生。他在学校表现优异，却得出结论——学校唯一教会他的就是意识到了自己多么无知。他在巴黎住过一段时间，还参过几次军；在荷兰居住的20年间，他从事数学和哲学方面的工作。

笛卡儿主要因为哲学思想被世人铭记，特别是他关于方法的论述。他对自己读到的、看到的或听到的一切都抱有怀疑，因此必须回归第一原则。正如他的那句名言所说，“我思故我在”。换言之，因为我在思考，所以必然有一个执行“思考”这个动作的人，而那个人就是我。如今，许多哲学家和心理学家都拒绝接受一个不断思考的自我的观点，同样受到诸多质疑的还有“笛卡儿二元论”，即身体和心灵是由不同的物质构成的。尽管如此，他依旧被称为现代哲学之父。

分析几何

笛卡儿在数学方面也非常活跃，并撰写了大量文章，还与费马合作研究了多个项目。他最重要的成就是发明了坐标，也就是我们现在所知的“笛卡儿坐标系”。

假设你是一只鸽子或一名直升机飞行员，想从

英格兰萨福克海岸的奥福德往东北方向飞行大约13千米，抵达海上的目的地。如果飞行时起雾了，你怎么找到目的地呢？

在海上没有地标的指引，卫星导航帮不上忙，地图也无济于事。要找到目的地，你需要知道它的坐标。

可以看出，目的地位于奥福德以东12千米、以北5千米。换句话说，它的坐标是（12，5）。知道这一点后，你可以先向东飞行12千米，然后向北飞行5千米；或者可以计算出正确的指南针方位角，大约是22.5度，然后直接飞13千米就到了。

笛卡儿想到了用代数来描述几何。他率先在方程中将x、y、z设为未知数，将a、b、c设为已知数，例如$ax^2 + by^2 = c$。也是他第一个将x的平方写作x^2，y的立方写作y^3。据说，他在荷兰时有一天早上躺在床上，看着天花板上的苍蝇，突然灵光一闪想到了这一切。

直角坐标

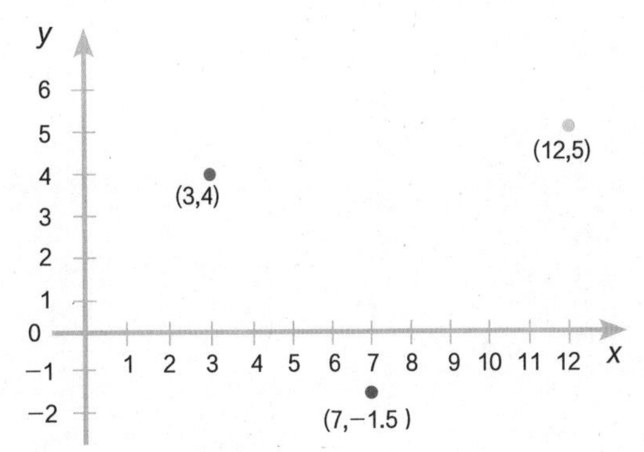

在解析几何中，平面上的每个点都有一对实数坐标。右图中的点分别是（3，4）、（7，−1.5）和（12，5）。向东用正数x表示，向北用正数y表示；反方向则用负坐标表示，完美的搭配。

有了坐标，我们就可以用图像来表示方程。举个例子：假设$y=(x\div 2)-2$，则当$x=0$时，$y=-2$；当$x=4$时，$y=0$；当$x=10$时，$y=3$。这个方程的图像就是一条把这些点连起来的直线。

笛卡儿坐标同样适用于三维空间。“欧几里得空间”中的点由3个变量x、y、z定位。

笛卡儿坐标系的强大作用在于将几何问题转化为关于数字的问题，反之亦然。不仅如此，它还使我们可以用代数表达曲线，用代数计算距离、直线之间的角度、面积，以及曲线相交的点的位置。

当然，还有其他实用的坐标系，比如最著名的极坐标系。在极坐标系中，要想定位平面上的一个点，你需要知道这个点和原点（又称“极点”）的距离ρ（极径），以及与极轴的夹角θ。也就是说，以到极点的距离和方位为参考，来表示这个点。这个坐标系的用途非常广泛。值得一提的是，在物理学中，它可以用来绘制轨道运动。

还有一种球坐标系，是三维空间中的极坐标系。除此之外，一些坐标系仅用于特定情况，例如汉密尔顿经典力学中使用的正则坐标。不过，这些坐标系都没能取代笛卡儿坐标系的地位。笛卡儿坐标系既方便记忆也易于教学。

1653年

相关数学家：

布莱士·帕斯卡

结论：

赢面有多大，一算便知。

何谓概率？

概率论的发明

安托万·贡博是17世纪中期活跃在法国沙龙的名人。他自封“梅尔骑士”，为人风趣幽默、温文尔雅，崇尚思想自由，热衷与聪明人打交道。不仅如此，他还是一名赌徒。如果一场赌博游戏中断了，如何才能公平地分配赌注？这个问题引起了他的兴趣。举个例子，通常情况下，只有当一方玩家赢了一定的回合数时，游戏才算结束。但是，在回合数减少的情况下，该如何分配赌注，才能公平地反映每个玩家实际所赢的回合数？

不完美的领域

在马林·梅森举办的沙龙上，贡博结识了几位顶尖的数学大师。1652年，他用这个问题向梅森的沙龙发起了挑战。有两位数学家接受了这一挑战，分别是才华横溢的法国哲学家、数学家布莱士·帕斯卡（1623—1662），以及同样杰出的皮埃尔·德·费马。不过，贡博没有料到这些数学巨头给出的回答将产生多么深远的影响。就在探讨问题的一堆书信中，他们奠定了概率论的基础。

赌博已经为这个问题贡献了一些破题思路。16世纪，卢卡·帕乔利、卡尔达诺和塔尔塔利亚等意大利数学家就曾对骰子掷出特定点数和以特定方式出牌的概率提出过一些想法。但是他们的理解往好了说不是很明确，往坏了说一听就不对。不过，费马的研究和更值得注目的帕斯卡的研究就是另一回事了。

接下来的一年，帕斯卡努力钻研这个问题。他发现，任何事件发生的概率都是这一事件发生次数所占的比例。因为一个骰子有6个面，所以掷骰子时，任何一面落地的概率都是1/6。换句话说，要想知道概率多大，就得搞清楚这个事件有几种发生的方式，然后将其除以可能性的总数。

帕斯卡三角形

对于单个骰子来说，这样的计算很简单。但是，如果同时掷两个骰子，或者玩的是52张扑克牌，那这个计算过程将变得非常复杂。比方说，6张牌有多少种排列组合的方式？

帕斯卡意识到，二项式能回答这类问题。二项式是指包含两个项的表达式，例如$x + y$。这种情况下，这两个项一个是排列组合的数量，另一个是对象（例如纸牌或骰子）的总数。将二项式乘以所需次数n，即$(x + y)^n$，得到的便是概率。二项式乘以给定的幂，可以写成带有系数的形式。系数是指在项前面的数字。因此，$(x + y)^2$展开后可得$\mathit{1}x^2 + \mathit{2}xy + \mathit{1}y^2$，$(x + y)^3$展开后可得$\mathit{1}x^3 + \mathit{3}x^2y + \mathit{3}xy^2 + \mathit{1}y^3$，依此类推。展开式中，斜体的数字就是系数。

这听起来还是很复杂。就在帕斯卡埋头研究的时候，他突然灵光一闪，决定一步一步、按部就班地把结果都列出来。每一行都代表了一个回合。随着回合数的增加，可能出现的结果数也不断扩大，最后形成了一个只由数字排列而来的等边三角形。三角形的每个数字都是上一行中与之相邻的两个数字之和。

当你从特定数量的选项中选择特定数量的对象时，这个三角形中的数字显示的就是可能组合的数量。三角形中的每一行都

给出了特定幂的二项式系数，比如第三行的1、2、1，第四行的1、3、3、1。这意味着你必须找对行，才能找对概率范围。帕斯卡只提供了一个有限大小的三角形供人们参阅，但不可否认的是，它能延伸到无穷大。二项式系数与三角形中的数字之间存在明显的对应关系，这并不是巧合。它揭示了数字和概率之间存在的基本事实，这一发现奠定了概率论的基础。

现在这个三角形被称为“帕斯卡三角形”。事实证明，它不仅是查找二项式系数的工具，还有更多了不起的特性。其实，它的出现比帕斯卡的发现早得多。早在公元前450年，它就出现在印度古籍中，被称作“须弥山阶道”（Staircase of Mount Meru）。但真正把这个三角形用到数学上的人是帕斯卡。

不只是赌博

谢尔宾斯基三角

几个世纪以来，数学家们在这个三角形中发现了许多重要的数字组合。其中最有趣的一个就是斐波那契数列（参阅第55页）。不仅如此，每行和这一行上面所有数字加起来，可以得到梅森数，即比2的幂小1的质数，如1、3、7、15、31、63等。

更引人注目的是，将可以被整除的数字上色之后，你会得到漂亮的分形图案。波兰数学家瓦茨瓦夫·谢尔宾斯基（1882—1969）就这么做了。他将所有能被2整除的数上色之后，得到了一个由许多小三角形组成的分形图案，着实令人吃惊不已。这个图案因此被命名为谢尔宾斯基三角。对数学家们来说，这个三角形就像金矿或冰山，挖掘或下潜得越深，展露出的秘密就越多。

如何计算寸步之速？

微积分的发明

1665年

相关数学家：

艾萨克·牛顿、戈特弗里德·莱布尼茨

结论：

微积分可用于计算无限短的时间内的变化率。

艾萨克·牛顿小时候总是病恹恹的。他出生于1642年圣诞节前夕[1]，又小又虚弱，人们一度担心他熬不过出生当晚。他父亲在他出生前就去世了。他两岁的时候，母亲改嫁了一位有钱的牧师，把他托付给了不怎么温柔的外祖父母照顾。孤独成长的牛顿性格内向，但有着专注于问题的过人能力。也许，就是这种能力使他成为有史以来最伟大的科学家之一。

瘟疫期间的研究

牛顿的校长设法将他送到剑桥大学学习法律，但是不巧的是，1665年暴发了瘟疫，剑桥大学闭校了。于是，牛顿回到了他母亲家里——位于格兰瑟姆附近的伍尔索普庄园。

他独自一人居住，伏案研究各类难题，从彩虹的颜色到月球和行星的轨道。在纯数学领域，他发明了微积分。大约50年后，他本人在回忆这段时光的时候这样写道，“所有研究都是在1665—1666年的瘟疫期间萌发的，那时候我正处于发明的鼎盛时期，对数学和哲学的思考比以往任何时候都多”。

如今，工程师、科学家、医学研究人员、计算机科学家和经济学家都在用微积分。不过，牛顿发明微积分的初衷是解决意大利科学家伽利略·伽利莱留下的问题。

伽利略的球

16世纪90年代，伽利略研究了物体下落的科学规律。亚

1 这里的日期根据当时英国使用的儒略历计算，牛顿实际上出生于公历1643年1月4日。

里士多德曾断言，大的物体比小的下落得更快：一块砖落下的速度是半块砖的两倍。可伽利略不同意这个观点，并从比萨斜塔上抛下重量不同的球，以证明它们都以相同的速度下落。

接下来，他采用斜坡进行了更科学的实验。他在一根木梁上切出一条凹槽，将凹槽内部抛光后衬上羊皮纸。接着，他撑起这根木梁的一端，并让一个抛光的青铜球从木梁高处滑下来。通过这个倾斜的平面（实际上减慢了物体下落的速度），他能够仔细测量出这个球滚落时的速度。

球越往下滚，速度越快。伽利略的实验结果显示，球在1秒内滚动了1个单位的距离，2秒内滚动了4个单位，3秒内滚动了9个单位，4秒内滚动了16个单位。由此可得，滚动的距离与时间的平方成正比。

伽利略意识到，球在往下滚的时候加速度恒定。用他的话说：“（物体）从静止开始运动后，相等的时间间隔内增加的速度也相等。”他没能用数学的方式描述物体的运动，不过大约70年后，牛顿把这个故事讲了下去。

牛顿的流数术

牛顿认为，要计算伽利略球在任意时间点下落的速度，需要先算出位置的瞬时变化率。假设d表示下落的距离，t表示时间，q表示时间的小幅增量。由于距离与时间的平方成正比，因此，下落的额外距离可以表达为$(t+q)^2-t^2$，即$2tq+q^2$。

当t增加到$(t+q)$时，平均变化率（牛顿称之为d的流数）为$(2tq+q^2)\div q$，即$2t+q$。但是q本来就不大，如果再缩小，则变化率$2t+q$会越来越接近$2t$。极限情况下，当q接近零时，变化率将等于$2t$。

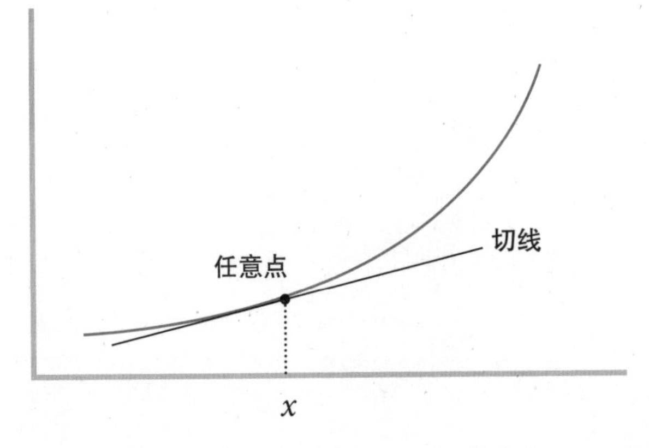

这叫作“微分”，而这个过程是“微分学”。现在我们知道了，t^2的微分是$2t$。

这听起来并不复杂，但在当时是一个巨大的飞跃，因为牛顿实际上讨论的是无穷小的时间区间。尽管对无穷的研究非常棘手，但它终究永远地改变了数学。

微积分可以计算曲线的斜率。假设上图中曲线是t^2的图像，那么我们可以在任意一点上作切线，找到这条曲线上该点的斜率。

牛顿的《流数术和无穷级数》(*Method of Fluxions*)一书于1671年完成。但直到1736年，他去世多年后，这本书才出版。延迟出版的部分原因是牛顿行事隐秘，并不想让任何人批评或窃取他的想法。他用微积分的方法解决了行星运动、旋转流体表面、地球形状等问题，他在1687年的代表作《自然哲学的数学原理》中讨论的许多难题也得到了解答。

优先权之争

与此同时，德国数学家戈特弗里德·威廉·莱布尼茨也在1673年左右独立发明了微积分，虽然比牛顿晚了7年，但他一发明就很快发表了。没过多久，一场激烈的争执爆发了，两人都指责对方窃取了自己的研究成果。然而，由于莱布尼茨率先发表，而且使用的微积分符号更加明了，他的体系成了通用版本。

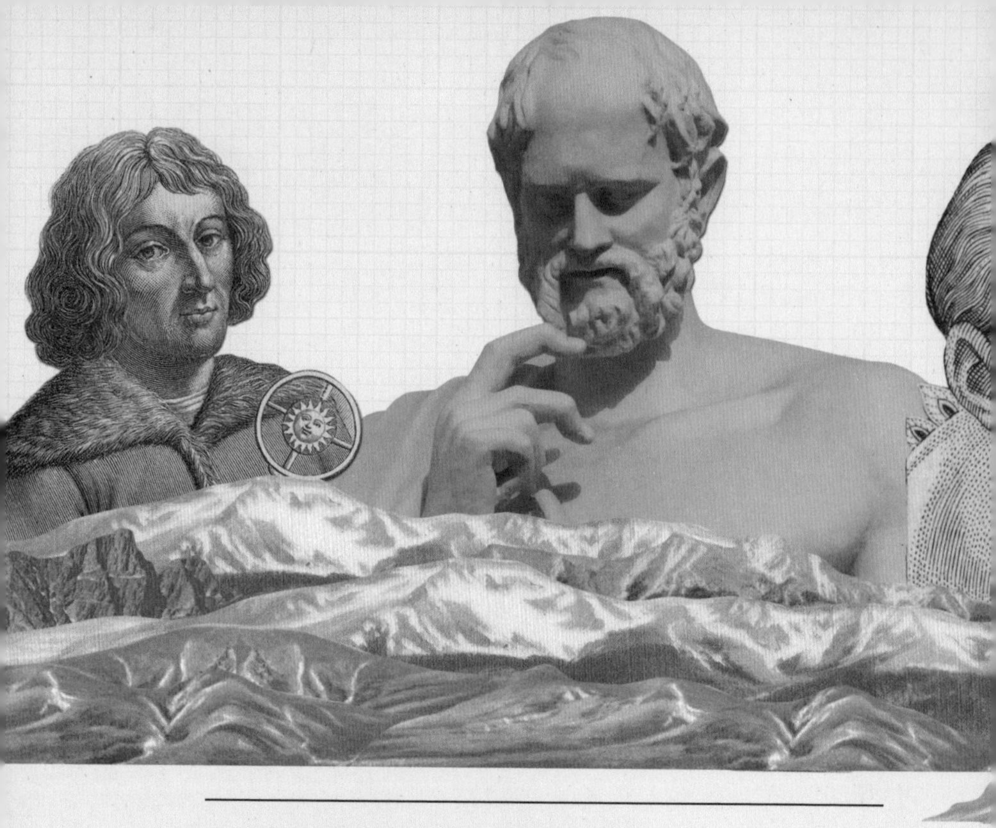

4. 弥合数学中的鸿沟：1666—1796 年

艾萨克·牛顿有句名言：“如果我看得比别人更远，那是因为我站在巨人的肩膀上。”这句话同样适用于在他（和莱布尼茨）发明了微积分之后产生的数学发现。数学家们有了一件探索宇宙奥秘的新法宝。他们纷纷伸出双手抓紧送上门的机会，而其中有两人的手举得比别人都高。

牛顿之后，是欧拉的时代。紧随其后的是在各方面成就斐然，为数不多能与欧拉相媲美的另一位名人卡尔·高斯。他们在古典力学和数论等众多领域卓有贡献，毫无疑问是有史以来最伟大的两位数学家。当时不乏其他杰出的数学家，拉格朗日和伯努利家族尤其出名，但欧拉和高斯是后牛顿时代的两位巨人。

1728年

相关数学家：

莱昂哈德·欧拉

结论：

欧拉数e是一个表示持续增长的常数。

何谓欧拉数？

增长背后的数字

细菌繁殖、人口增长、火势蔓延、物种入侵、复利上升，万物都在发展。这种常态背后的数学原理都涉及微积分这门关于变化率的学科。在这一学科中，有一个数比其他任何一个数字都重要，我们称之为“欧拉数”或“欧拉常数e”。计算增长率或变化率少不了e。

数学家早在古埃及时代就知道π，因为它是一个几何常数，在日常生活中非常实用。只要你想求圆的面积，就需要用π。但是直到18世纪，e才进入人们的视线。在此之前，人们甚至不知道自己需要这样一个常数，因为当时还没有人用数学去分析事物变化的快慢。

对数表

随着17世纪的数学家开始研究对数，这个常数崭露头角。在约翰·奈皮尔的对数专著中有一个附录，列出了许多数字的自然对数。对数是表示增长的数，自然对数指的是以e为底数的对数，而不是通常情况下以10为底数的对数。但在当时，奈皮尔并未使用e这个符号，人们也并没有意识到它的重要性。17世纪末，杰出的荷兰科学家克里斯蒂安·惠更斯通过作图确定了“对数”曲线。

惠更斯的对数曲线就是我们今天所说的指数曲线，是解锁了自然常数e的用法后得到的以e为底数的曲线。指数增长有时被错误地理解为超高速和加速。但它其实有一个非常具体的含义，意味着增长在任何时候都与数量成正比。因此，如果兔子的数量每个月增加1倍，那么第二个月我们将有2只兔子，下个月有4只，然后有8只、16只、32只、64只、128只、256只……依此类推。

利息上涨

1683年，瑞士数学家约翰·伯努利开始研究复利的算法，e的重要性展现了出来。假设你的银行非常大方，你存1英镑，每年给100％的利息，那么到年底，你的存款将增长为2英镑。但是，如果银行每6个月给你50％的利息呢？在开始的6个月，你将获得1.50英镑；一年之后，你将获得1.50英镑的50％的利息，也就是说到年底，你的存款将增长为2.25英镑。

诚然，你计算利息的频率越高，通过复利获得的利息就越多。但是，随着计算频率越来越高，收益反而会缩小。以天为频率计算时，你将获得2.71英镑的收益，这已经非常接近收益的极限了，如果拆分到分钟和秒，收益会更加缩减。那么，如果每时每刻都在计算利息，会得到什么结果呢？这时候收益会达到峰值，增长将完全持平。

e有话说

伯努利知道这个数字肯定介于2到3之间，但他无法求出一个精确的值，也不知道这个数字与对数有什么关系。这正是莱昂哈德·欧拉的切入点。1731年，欧拉在给克里斯蒂安·哥德巴赫的一封信中将这个数字称为“e”。“e”这个字母很有意思，既是他名字“Euler”的首字母，也是“指数”（exponential）一词的首字母。不过，欧拉将其命名为“e”，也可能只是因为它是“*a*”这个字母之后的第一个元音字母。

比起e的命名（后来被称为欧拉数），欧拉更重要的贡献是对e值的计算。1748年，他在《无穷小分析引论》（*Introduction to Analysis of the Infinite*）一书中发表了这一成果。他用阶乘法

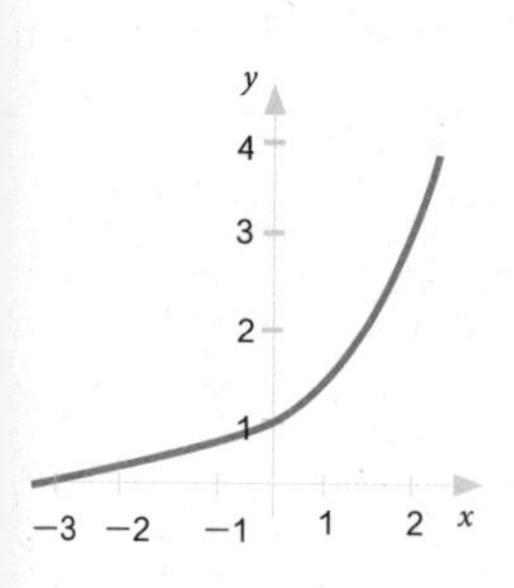

曲线 $y = \mathrm{e}^x$

计算出了这个数字。2阶乘记为2！，表示1×2＝2；3阶乘记为3！，表示1×2×3＝6；依此类推。换句话说，一个数的阶乘，是指从1开始，所有小于及等于这个数的数字的积。当然，e的阶乘是分数，因为我们讨论的就是减少的部分。

$$\mathrm{e} = 1 + \frac{1}{1!} + \frac{1}{2!} + \frac{1}{3!}，即 2 + \frac{1}{2} + \frac{1}{6} = 2.666\cdots$$

$$\mathrm{e} = 1 + \frac{1}{1!} + \frac{1}{2!} + \frac{1}{3!} + \frac{1}{4!}，即 2 + \frac{1}{2} + \frac{1}{6} + \frac{1}{24} = 2.708\ 333\cdots$$

如果一直往后算，欧拉就能得到最接近的值。他最多计算到了小数点后18位：

e = 2.718 281 828 459 045 235

他没有解释这个答案是怎么算出来的，可能仅仅是从1加到了$\frac{1}{20!}$。1962年，唐纳德·克努斯计算出了e的小数点后1 271位，但是数学家并没有像对 π 那样，要求e的值越精确越好。大多数情况下，欧拉计算出的结果就够用了。

表示增长的常数

与众不同的是，e是一个表示增长的常数。如左上图所示，不断增长的y表示e的x次幂。任何情况下，y的值都是e^x，斜率是e^x，曲线下的面积也是e^x。也就是说，算出一个的结果就知道了另外两个，这一点非常实用。事实上，没有了它，现在的大多数演算将变得难上加难。

欧拉还提出了另一个关键的数学符号i，表示−1的平方根。他用这些符号组成了被一些数学家认为是有史以来最简便、最美观的公式。

$$\mathrm{e}^{\mathrm{i}\pi} + 1 = 0$$

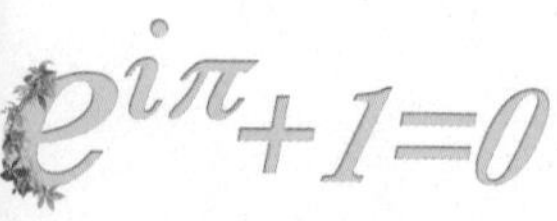

许多人都认同，这个公式囊括了所有的数学原理。

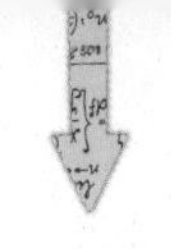

你能一次性走完7座桥吗？

1736年

相关数学家：

莱昂哈德·欧拉

结论：

图论是研究联系的数学分支。

游戏中诞生的图论

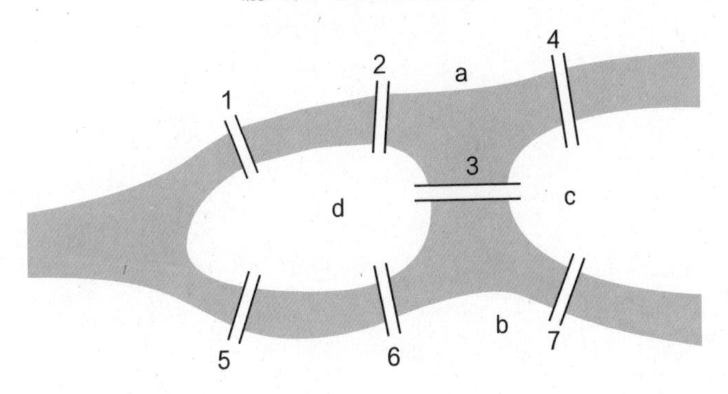

普莱格尔河

据说，普鲁士的哥尼斯堡（现为俄罗斯的加里宁格勒）有一条普莱格尔河，河上有7座桥，将两个小岛与河岸相连。一到夏日的夜晚，居民们就喜欢在桥上散步。当地有一项挑战——不遗漏也不重复地走完7座桥，但是没人做到。也不知道是因为咖啡馆里的葡萄酒太醉人，还是因为7座桥的形状太古怪。

举例解释：假设你从西北角出发，跨过桥1到达第一座岛，然后经过桥2再回到岸上。接着，你通过桥4到达另一座岛，走过桥3回到第一座岛，再越过桥6和桥5又回到了第一座岛上。这时候，你还没去过桥7，就被困在岛上无路可走了。

如果只有桥1、5、6、2或桥1、5、7、4，那么这个问题很容易解决。但7座桥就构成了让人头疼的难题。两座岛屿的存在似乎又给这个问题增加了难度。乍一看，你可能会认为桥的数量应该是偶数。但依次走过1、5、6、3、4这5座桥，你很容易就可以回到起点。那些散步的居民对此肯定非常困惑。

图论

瑞士数学天才莱昂哈德·欧拉解决了这个难题。他指出，穿行每块陆地的路线无关紧要，重要的是桥的分布。他将这个难题简化成了一个图形，其中绿点（他称之为节点）代表地面，黑线则代表桥梁。

通过有力的证明，欧拉得出的答案就是不可能不重复地走完所有的桥。实际上，他创造了一种办法能找出所有可行的情况，但是哥尼斯堡这种布局并不在其中。

在他的解题思路中，重要的不是路线的布局或几何形状，而只是转折点的排列方式。欧拉用点表示每片土地，用线连接这些点（或者说"节点"），将整个问题都简化了。

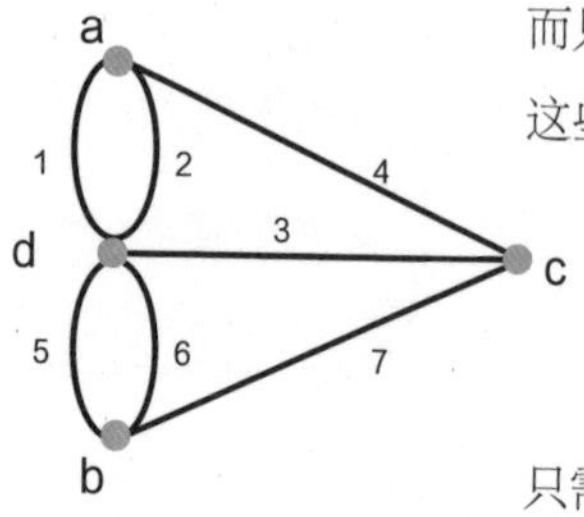

a
1 2 4
d 3 c
5 6 7
b

欧拉的解题思路

通用网络

就这样，欧拉提出了一个通用的方法。根据他的方法，你只需要将实际情况简化为线和节点，就可以考察一切类似的问题。这些线和节点完全是图形概念，不需要与现实有任何关系。你只需要知道节点的大致正确位置，然后用线把它们连起来。

这个简单的想法不仅将地理问题变成了数学问题，还启发了许多地图制作者。他们意识到，通常只需要用图形简要表示地点之间的联系，不用体现道路蜿蜒复杂的细节。你只要去看看航空公司的航线图或伦敦地铁的线路图，就能了解这个想法在生活中是多么有用和普遍。

好的连接

欧拉只用了4个圆点表示陆地，7条线表示7座桥。这立刻直观地显示了每个节点间的紧密连接。其中3个节点分别有3处连接，中央岛屿的节点有5处连接。如今，一个节点有多少连接这一概念被称为"价"，它在拓扑结构中至关重要。欧拉对哥尼斯堡7桥问题的研究，给数学的许多领域都带来了启发。

欧拉研究了闭合路线和开放路线。闭合路线是从起点出发回到起点结束，而开放路线的起点和终点不在同一处。我们很快可以看出来，如果所有节点的连接数均为奇数，则无法找到路线。能够让你出发的节点数量，必须与能够让你返回的相同。换句话说，至少得有一个节点具有偶数个连接。

开放路线也是如此。无论你如何安排，都必须有两个节点上的连接数是偶数：一个是起点，一个是终点。

欧拉将连接数转换成了数字，继续证明了在数学上结果必然如此。他的证明过程非常复杂，但现在可以用更简单的办法来证明。

现在去哪儿？

欧拉的解，或者更确切地说是对没有解的证明，是颇具独创性的推论。他自己可能都没有料到，这个将问题简化为线和节点的方法，让他能从数学的层面分析这个问题。

首先，针对此类问题，图论为数学家提供了一种绝妙的新方法，而且适用的范围相当广泛。例如，这一方法如今被用来制订货运计划。但是随后数学家们开始意识到，还有这样一个数学世界等待他们探索其中的网络、平面和布局。这个世界被称为拓扑学。20世纪初，科学家和数学家开始探索多维空间的时候，他们发现拓扑学可以用来求解复杂方程，拓扑学终于获得承认。正如已故的玛丽亚姆·米尔扎哈尼在近来的一本著作中提到的那样，它仍处于高级数学的前沿。欧拉的桥通向了时代的前面！

1742 年

相关数学家：

克里斯蒂安 · 哥德巴赫

结论：

哥德巴赫关于质数的著名猜想尚待解决。

偶数能被分成质数吗？

一个简单却令人沮丧的定理

17、18世纪的数学家对数字，或者更确切地说是整数的概念兴致盎然。这纯属求知欲，没有任何明显的实际目的。然而，那个时代最具才华的一些人却将注意力投向了在很多方面可以称为数字游戏的东西。对他们而言，数论是最纯粹的智力活动——仅用纸笔就能独自攻克的难题。

克里斯蒂安·哥德巴赫便是这些数字迷中的一位。他很聪明，虽然算不上佼佼者，但提出了一个看似简单却不同寻常的命题。这就是哥德巴赫猜想，至今还没有任何数学家能证明或推翻它。这个问题是数学中最古老的未解难题之一。

数学世界的中心

1690年，哥德巴赫出生于哥尼斯堡。哥尼斯堡当时是普鲁士的一座小城市，现位于俄罗斯加里宁格勒。18世纪，这里还掀起过一场特别的头脑运动。哥尼斯堡出过许多出类拔萃的人物，才华横溢的哲学家伊曼努尔·康德就是其中之一，更重要的是还有一位杰出的数学家、数论领域的元老——莱昂哈德·欧拉。

35岁时，哥德巴赫受聘为圣彼得堡科学院的数学教授和记录秘书。很显然，他擅长与俄国皇室打交道。3年后，他前往莫斯科，担任俄国沙皇彼得二世的教师，1742年进入俄国外交部供职。正是这时，52岁的他提出了哥德巴赫猜想，让他在数学界名声大噪。

哥德巴赫猜想

1742年6月7日，哥德巴赫激动不已地给欧拉写了一封信。他在信中说自己刚刚对质数有了一个重大发现——或者说他自认是重大发现。质数是除了1和它自身外，不能被其他数整除的数。哥德巴赫写道：

> 每个整数都可以写成两个质数之和，也可以写成任意多个质数之和，直到所有项都是最小的单位为止。

换句话说，任意一个大于2的整数都可写成几个质数之和。

欧拉对此想法感到十分激动，两位数学家多次通信探讨这个问题。在哥德巴赫的基础上，欧拉提出了另一个重要的版本，即任何一个大于2的偶数都是两个质数之和：

6 = 3 + 3

8 = 3 + 5

10 = 3 + 7 = 5 + 5

12 = 7 + 5

…

100 = 3 + 97 = 11 + 89 = 17 + 83 = 29 + 71 = 41 + 59 = 47 + 53

依此类推，直至无穷大。这个主张大而简单。在1742年6月30日的一封信中，才华横溢的欧拉写道，他确信哥德巴赫是正确的，但他无法证明。而直至今日，也没有数学家能证明。

试图证明哥德巴赫猜想

随着两位哥尼斯堡同乡的通信往来，这一猜想渐渐出现了不同的版本。目前，哥德巴赫猜想主要分成两个版本："弱哥德巴赫猜想"和更全面的"强哥德巴赫猜想"。如果证明了强猜想，则弱猜想也同时可被证明。弱猜想本质上是哥德巴赫的原始猜想，即任何奇数都能表示为三个以下质数之和；强猜想几乎与欧拉提出的版本一样，即偶数是两个质数之和。

哥德巴赫猜想就是这样一个简单的表述，却一直困扰着数学家们。猜想的内容过于简单，数学家们因此认为对谜题的解答必定揭示某些关于数字的基本事实。

一种方法是找到不符合要求的数字。哪怕只有一个例外，都可以证明猜想有误。2013年，人们用计算机排查了4×10^{18}（4 000 000 000 000 000 000）以内的所有偶数，结果并没有发现例外。数字越大，质数相加的排列组合方式越多。因此，似乎极不可能找到例外。

但对数学家来说，“极不可能”并不算证明。因此，许多人开始寻找数学证明。时至今日，哥德巴赫猜想的几种变体实际上已经得到了证明。1930年，苏联数学家列夫·谢尼尔曼指出，每个数都可以表示成20个以下质数的和。1937年，另一位苏联数学家伊万·维诺格拉多夫证明了每个充分大的奇数都可以表示为三个质数的和。

时至今日，这个难解之谜依旧吸引着人们前赴后继。2000年，费伯－费伯出版社甚至出价100万美元，作为证明强猜想的奖金。2012年，生于澳大利亚的美籍华裔数学家陶哲轩证明，奇数可以表示为5个以内质数的和，几乎证明了弱猜想。但是，还没有人攻下强猜想，这个猜想似乎注定要让那些最杰出的数学大师铩羽而归。

如何计算流量?

限制流量和能量守恒

1752 年

相关数学家:

丹尼尔·伯努利

结论:

受到血液流动的启发，伯努利找到了速度随着压力增加而降低的原因。

1730年左右，瑞士数学家丹尼尔·伯努利发现了伯努利原理（伯努利方程）。在所有关于流体流动的观点中，这是最基本的一条原理。它表明在特定条件下压力和速度成反比。更具体来说，当流体减速时，其压力上升，反之亦然。从飞机要有机翼才能飞行，到棒球投手投掷出弧线球，人们在理解这些事物的时候，这一原理起到了关键作用。

伯努利发现这一原理时才30岁，那时他受到俄国女皇凯瑟琳一世的资助，在俄国圣彼得堡科学院工作。他的助手就是当时另一位杰出的年轻瑞士数学家莱昂哈德·欧拉。他们两人都迷上了流体流动的研究，想要找出背后的数学原理。

流经静脉和动脉

讽刺的是，伯努利对流体流动产生兴趣，是由于他父亲（当时著名的数学家约翰·伯努利）。在父亲的安排下，丹尼尔·伯努利远离了钟爱的数学，违背自己的意愿进入了医学领域。在学医的过程中，丹尼尔痴迷于威廉·哈维的血液循环理论。这一理论当时已经发展了一个世纪。他并不是对生理学抱有兴趣，而是想搞清楚血液如何流过动脉和静脉，以及血压和血流速度如何变化。

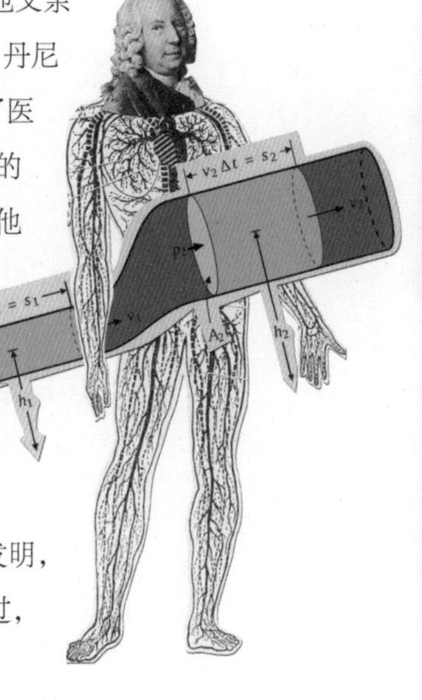

医学被他抛在脑后。兴趣使然，他发明了一种船用沙漏。即使在最恶劣的暴风雨天气中，沙漏里的沙子也能正常流动。凭借这个简单的发明，他在法国科学院获得一等奖，并赢得了赴俄邀请。不过，

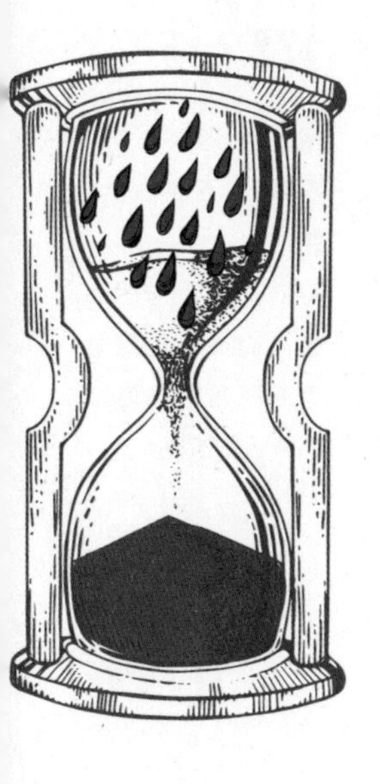

从沙漏颈部流过的沙子还给了他一些重要启示。他因此明白了像血液这样的流体中的分子，流经类似沙漏颈部这样的限制区域时会有什么表现。

能量守恒

他的另一项至关重要的见解是能量守恒。这一观点源于他十几岁时与父亲关于数学的对话，他就此展开了想象。能量守恒，是指系统中的能量无论内部经历了多少次转换，总量永远不会改变。举个例子，如果坐在秋千上荡到最高点，你会因为高度获得很多“潜在的”能量（势能）。荡下来的时候，你将失去势能，加速并获得了“动力”的能量，即动能，这种能量把你荡到远的那边。

和欧拉一起，伯努利开始用不同直径的管道进行实验，研究水流的变化。他注意到，水在宽阔的区域中流动缓慢，但一进入限制区域，水流就会加速。而考虑到能量守恒定律，这种加速不可能涉及任何能量变化。

伯努利意识到，当流体通过限制区域时，其动能必然随着速度的增加而增加。但这种额外的动能从何而来呢？就像荡秋千一样，额外的动能来源于势能，产生势能的原因是较宽部分有较高的压力，从而推动了流体流动。不过与会被压缩的气体不同，水是不能压缩的。这种情况更像沙子流过沙漏颈部的情形。

但是，在受限的能量中，加速度和能量不可能没有损失。那损失的是什么？压力。当颈部使水流变窄且流速增加时，压力必然下降。

为了证明这一点，伯努利刺穿了管壁，垂直插入了一根顶端敞口的玻璃管。液体从管内上升的高度能清楚地反映压力的大小。很快，将细玻璃管插入动脉成了医师测量血流的标准方法，尽管听上去相当残酷，但这种方法使用了将近170年。

限流

通过这种简单的设备，伯努利得以证明当流体进入限制器时，流量会加速，压力会下降。这就是所谓的伯努利原理。大约20年后，欧拉将这一原理公式化为现在我们所知的伯努利方程：

$v^2/2 + gh + P/\rho$ = 常数

其中v是流体流速，g是重力加速度，h是所选点的高度，p是所选点的压强，ρ是流体在所有点上的密度。

正如气体定律仅限于“理想”气体一样，伯努利的原理也有一个重要的限制条件，它仅适用于所谓的层流[1]。层流平稳且规则，始终以相同的速度和相同的方向移动。它同时适用于液体和气体的层流，但不适用于湍流[2]。

伯努利原理的关键见解在于，挤压流体会使其加速并降低压力。这一点在许多场景中都适用。这就是为什么空气在流过弯曲的飞机机翼时会加速，失去压力并产生升力的原因。船帆做成弯曲的形状也是如此。

由于担心父亲对他的研究产生不悦，伯努利拖了些时间才发表了自己的观点。最终，他在1737年完成了《流体动力学》(*Hydrodynamica*)一书，将这本书献给自己的父亲。但他的父亲约翰并没有领情，反而报复性地出版了一本《水力学》(*Hydraulics*)，其中照搬了儿子的许多想法。正是因为经历了这些，丹尼尔失去了研究数学的动力。谁能想到呢，他明明是顺“流”而下，却要承受这么大的压力。

1　层流，是流体的一种流动状态，它作层状的流动。流体在管内低速流动时呈现为层流，其质点沿着与管轴平行的方向做平滑直线运动。流体的流速在管中心处最大，在近壁处最小。

2　湍流，是流体的一种流动状态。当流速很小时，流体分层流动，互不混合，称为层流，也称为稳流或片流；逐渐增加流速，流体的流线开始出现波浪状的摆动，摆动的频率及振幅随流速的增加而增加，此种流况称为过渡流；当流速增加到很大时，流线不再清楚可辨，流场中有许多小漩涡，层流被破坏，相邻流层间不但有滑动，还有混合。这时的流体做不规则运动，有垂直于流管轴线方向的分速度产生，这种运动称为湍流，又称为乱流、扰流或紊流。

1772 年

相关数学家：

约瑟夫-路易·拉格朗日

结论：

从数学角度来看，天体间能找到引力完全平衡的点。

浩瀚宇宙，何处停留？

三体问题

自牛顿提出“引力”这一概念以来，数学家对三体问题的热情一直居高不下。当然，他们并不是在唠叨什么闹心的家长里短，而是在探讨三个行星或卫星这样的“天体”相互之间的万有引力是如何作用的。

1687年，牛顿发表了万有引力定律，向人们展示了两个天体如何相互作用，以及沿重心连线方向上的力如何使它们相互吸引。如果将与重力相反的动量考虑在内，计算两个天体的运动方式倒没什么难度。但是，当再加上一个天体，形成一个像太阳、地球和月球这样的三角结构，那么这三者间将发生什么呢？

复杂力学

加上第三个天体之后，这里涉及的数学问题难度骤增。直至今日，那些最了不起的数学家历经近350年的研究，仍未完全解决这个问题。

引力是相互的。太阳、月球和地球有各自的动量，但与此同时，它们还受到其他两个天体引力的影响，随着地球和月球在太空中不断转动，三者间的距离不断变化，动量也在变化。而且，地球和月球都不是正圆形，这给计算增加了难度。

许多数学家尝试通过只研究问题的一个有限方面来找答案，其中大多数研究的都是月球的运动。不过在1760年，瑞士数学家莱昂哈德·欧拉提出了限制性三体问题，在他所讨论的三个天体中，有一个天体的质量小到可以忽略不计，对另外两个天体不产生引力的影响。

约瑟夫－路易·拉格朗日正因此对这一问题着迷，他后来接替欧拉担任柏林普鲁士科学院数学系主任。拉格朗日出生于意大利都灵，父亲曾是一位富有的法国军官，后因投机生意破产。拉格朗日年轻时才华过人，年仅17岁就于母校留任教授。

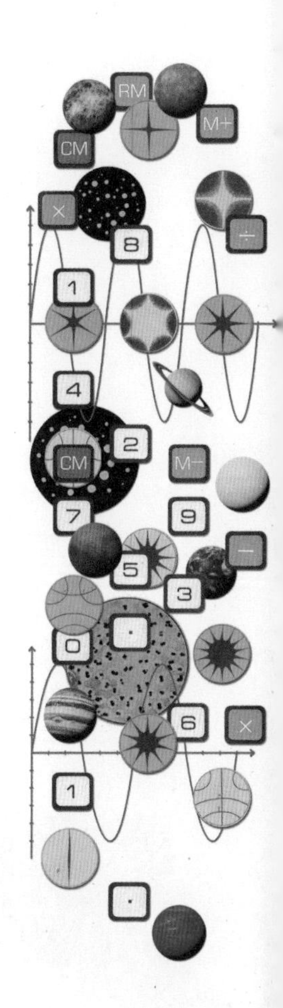

在柏林，拉格朗日完成了他最令人称道的数学研究，其中包括他1788年发表的专著《分析力学》。这本书可能是18世纪最重要的数学物理学著作。在这本书中，拉格朗日发展了“变分法”。不同于牛顿模型着眼于定向的力，拉格朗日模型更看重功和能量，他重新定义了力学的侧重点，拉格朗日力学由此诞生。在牛顿力学中，你必须知道力的作用方向，而拉格朗日所研究的能量与方向无关。事实证明，在计算粒子的运动方面，拉格朗日力学比牛顿力学实用得多。

拉格朗日力学更易于计算，也使人们对宇宙中天体运动原理有了更深刻的理解，无疑是一项了不起的代数学成果。拉格朗日对解析代数的力量深信不疑，没有借助几何学，而且在专著中从未使用任何一张图表。

拉格朗日点

在《分析力学》中，拉格朗日研究了欧拉的限制性三体问题。他有了一个非同寻常的发现，我们现在称之为拉格朗日点。此前，欧拉研究的限制条件是第三个天体非常小，对其他两个物体没有引力影响；拉格朗日则假设轨道为圆形，忽略科里奥利力（行星旋转产生的力）的影响，进一步对问题做出限制。

拉格朗日点处于空间中的特定位置，在这一点处，两个天体（如太阳和地球，或地球和月球）引力的合力，正好与质量较小天体的离心力达到平衡。这种相互作用在空间中创造了一个“停靠点”，小行星或航天器等能够长期在此停驻。也就是说，这样的“停靠点”是卫星驻留的理想场所。在太阳、地球和月球之间有5个拉格朗日点。不仅如此，在恒星和行星相互作用的任意空间中，我们都能找到类似的点。

宇宙中的停靠点

欧拉初步推算出了前三个这样的点，它们位于一条连线上。第一个点L_1位于太阳与地球之间，距地球约100万英里（1 609 344千米）。太阳和太阳圈探测器（Solar and Heliospheric Observatory，简称SOHO）围绕此处运行，实时观测太阳。第二个点L_2位于地球外侧约100万英里处，远在月球轨道之外。美国国家航空航天局（NASA）的威尔金森微波各向异性探测器（Wilkinson Microwave Anisotropy Probe，简称WMAP）位于此处，用于测量“大爆炸”遗留下来的宇宙背景辐射。第三个点L_3位于太阳的另一侧，与地球相对。由于这一点被太阳遮住，目前科学家还没有发现L_3的适用场景。

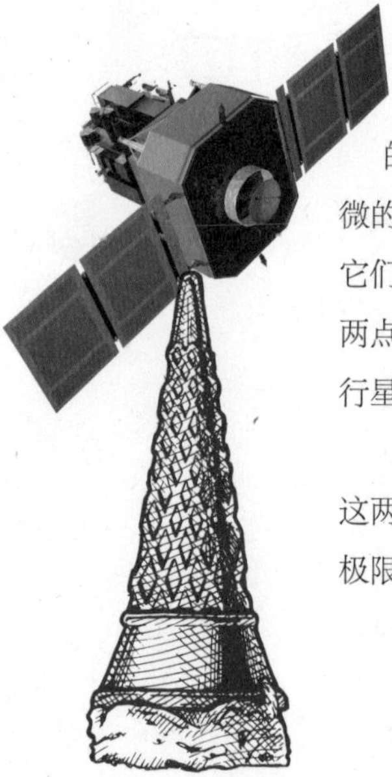

这前三个点都非常不稳定，卫星就像停放在圆锥的顶点上一样，想让卫星平衡在原位，就必须不断进行细微的调整。但在1772年，拉格朗日发现了另外两个点L_4和L_5，它们与地球和太阳之间的连线呈现一定角度并形成三角形。这两点非常稳定，尘埃和小行星都在此积聚，其中包括希腊群小行星和特洛伊群小行星。

甚至有人提出，既然L_4和L_5这么稳定，那么人类不妨在这两处建立太空根据地。等到有一天地球人口达到了最大承受极限，还可能移民去太空……

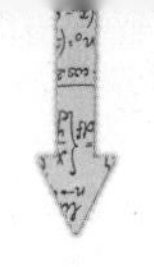

蚂蚁知道自己在球上吗?

1796年

相关数学家:

卡尔·弗里德里希·高斯

结论:

像球一样的曲面上的三角形角度之和不超过180°。

高斯曲线

1777年，卡尔·弗里德里希·高斯出生于不伦瑞克（如今是德国的一座城市）。他的母亲没怎么读过书，不记得他的出生日期，只知道那天是星期三，耶稣升天节的8天前，复活节后的第39天。高斯推导出计算复活节日期的公式，并由此得出他肯定是4月30日出生的。

从1加到100

关于高斯最广为流传的故事，可能是他7岁那年，老师让班上学生求100以内数字之和，即1 + 2 + 3 + 4 + … + 100的结果，小高斯只用了几秒钟就得出了答案：5 050。

他是怎么求出来的？人们推测，他先在脑子里把所有数字都排成了一行，然后将这些数字按照相反的顺序在下面对应再排了一行。接着，他把所有列加了起来。

这样得到的结果是1到100之和的两倍，即$100 \times 101 = 10\,100$。因此，原问题的答案就是10 100的一半，即5 050。从这个故事不难看出，高斯要么天赋异禀，稍微动动脑子就解决了这个难题，要么他之前就已经做过这道题。

高斯曲率

被称为欧几里得几何（参阅第32页）的基础几何，一般指平面几何。例如，在平面上，三角形的内角之和为180°。但是，这个命题在曲面上并不成立。

假设以地球为模型，本初子午线[1]和西经90°线与北极相交，夹角是90°。这两条经线与赤道相交的夹角也都是90°。因此，这三条线相交构成的三角形内角和为$3 \times 90° = 270°$，而不是180°。高斯将这种几何称为“非欧几里得几何”。

而高斯本人对此是这样描述的：一只蚂蚁在一个大球上爬行，对它而言，很难分辨自己脚下是平面还是曲面，但是它可以画一个三角形，看看这个三角形的内角和是不是180°。

不伦瑞克公爵听闻了高斯的光辉事迹，把他送去了哥廷根大学。在那里，他19岁就取得了震惊数学界的发现。

十七边形

数学家皮埃尔·德·费马曾研究过一组自然数，这组数的表达式为$F = (2^x + 1)$，其中$x = 2^n$。F的前四个值，3、5、17和257都是质数，因此称为费马质数。

高斯发现，只要边的数量等于费马质数或者等于费马质数乘以2、4、8、16等2的任意幂次，那么他仅使用一条直尺和一支圆规就可以作出给定边数量的正多边形。换句话说，他仅凭尺规就可以绘制出等边三角形、正五边形、正十七边形，甚至是正257边形。

这一发现让高斯走上了专职数学家的道路。他要求在自己的墓碑上镌刻一个规则的正十七边形。遗憾的是，他这一遗愿没能实现，因为石匠师傅觉得太复杂了，而且正十七边形怎么看都像个不够圆的圆。

三角数

三角数包含1、3、6、10、15、21等数字。每一个三角数

1 The Greenwich meridian，本初子午线，国际上将通过英国伦敦格林尼治天文台原址的那条经线称为0°经线，亦称格林尼治子午线。

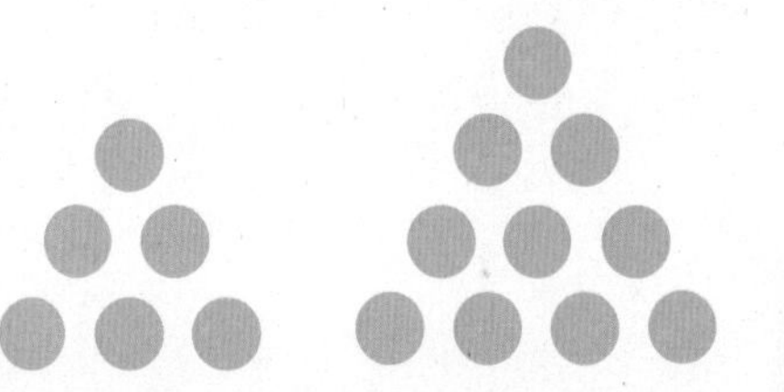

都可以表示为一个由点组成的等边三角形。

1796年7月10日，高斯在他的日记中写下了“我找到了——数 = Δ + Δ + Δ′”，其中提到了每个数字至多是3个三角数之和这一发现。

所以

5 = 3 + 1 + 1

7 = 6 + 1

27 = 21 + 6

以此类推。

质数分布定理

和其他许多数学家一样，高斯对质数及其分布方式也很着迷。虽然预测下一个质数很难，但是在看了质数表后，高斯惊奇地发现了一个奇怪的分布规律。当质数的分布区间大于10 000左右之后，数量N每乘以10，质数分布概率的分母便增加2.3[1]。这看起来像是对数关系——相加而不是相乘（参阅第61页）。

15岁时，高斯把他的发现列成一张表格，意识到他可以使用以e为底数的对数来计算质数的种种分布特征。因此，从不大于N的自然数中随机选一个，它是质数的概率大约是$\frac{1}{\ln(N)}$，而小于N的质数的分布概率约为$\frac{N}{\ln(N)}$。这一关系的发现是数论中的一项重大突破。

1　$N = 10$的4次方，质数分布概率为1/8.1；$N = 10$的5次方，质数分布概率为1/10.4。

5. 救生、逻辑和实验：1797—1899 年

工业革命来临，人们迎来了机器大工业时代。大型机器带来了更强有力的实验。这些实验产生的发现都需要数学做出解释。比如，傅里叶正是由于热传导实验才获得了正弦波方面的成果。不过，这种影响是双向的。还有一些数学家，例如查尔斯·巴贝奇，思考如何借助这些机器来推动数学的发展。正是他们的研究为下个世纪的发明奠定了基础。

不仅如此，这个时代的人们对各种更抽象的数学问题的兴趣也与日俱增。也许这一时期数学中最抽象的分支就是拓扑学。这门学科研究的是几何对象的变形——就像泥塑制模一样。虽说问题是抽象的，但并不意味着没有实际的应用场景。布尔的数学逻辑——用代数解决逻辑问题，尽管乍看起来抽象，但我们当今的技术中几乎都少不了布尔代数的身影。

1807 年

相关数学家：

让－巴普蒂斯·傅里叶

结论：

为了解决热的传导问题，傅里叶发明了一样数学工具。如今，这一工具不仅用途强大，而且使用普遍。

波如何导致温室效应？

傅里叶变换

你能听到钢琴弹奏的音符，是因为声音通过空气传入了你耳朵里。声音是通过交替压缩和拉伸空气，迅速将空气分子推到一起再拉开进行传播的。但是，你的耳朵并不会感到反复被撞击，只能听到悦耳的声音。这是因为耳朵里的神经末梢结构会将空气的运动转化为可听见的声音。

正弦波的部分

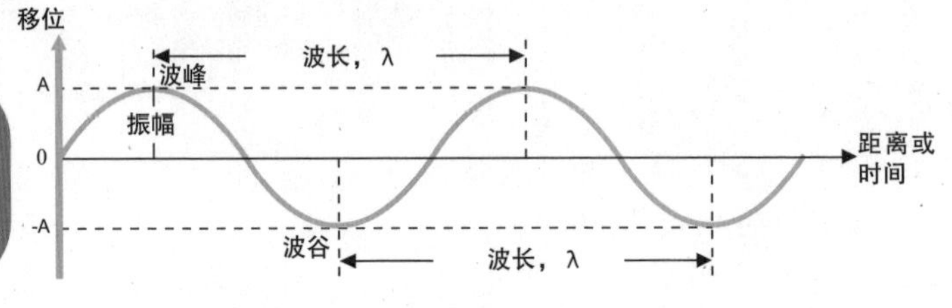

傅里叶变换

在宇宙中每个你能想到的角落，几乎都存在从声波之类的信号转换到声音之类的输出。波其实就是重复的扰动，它们会扩散并传递能量，有无数运动可以用波来描述，不仅有声波，还有电磁波、热波、无线电波、湖面上的水波、股票市场的波动等。法国数学家让－巴普蒂斯·傅里叶在1807年提出了一项备受瞩目的分析成果——傅里叶变换。得益于此，我们有了捕获这些波的数学工具，就像耳朵将声波转换成乐音一样。傅里叶变换将复杂的振动转变为正弦波图形上简单的对称曲线。每当科学家想要研究复杂的波动时，这一工具就会发挥作用。无论是研究天文学中遥远星系的辐射，还是压缩网络上的数字图像，傅里叶变换都是从本底噪声中筛选出真实信号的数学法宝。

1768年，傅里叶出生于法国的欧塞尔。他在法国大革命的影响下长大，一直积极致力于实现大革命的目标。1795年，他因反对革命的暴力手段而被短暂监禁。不过在被释放后，他官复原职，被任命为最负盛名的巴黎综合理工学院的院长。1798年，他被拿破仑带到埃及，担任科学顾问。他酷爱埃及极端炎热的天气。1801年，他回到法国之后，不仅把房间维持在一个出奇的热度，还时刻穿着保暖的衣服。

在被拿破仑任命为格勒诺布尔的地方长官后，傅里叶开始研究热量如何通过金属棒传播。他于1807年发表了重要论文《固体上的热传导》（*Mémoire sur la propagation de la chaleur dans les corps solides*），然后于1822年发表了更为实质性的研究成果——《热的解析理论》（*Théorieanalytique de la chaleur*）。

模拟热传导

在使用三角学（在图表上查看角度）之前，许多数学家就已经对热运动进行了数学建模，并由此提出了正弦曲线。该图显示了时间与强度变化之间的关系，能够看出正弦波的振荡或规律的位移（例如声音中空气分子的运动），形成了优美对称的上下曲线。曲线上角度的正弦值与位移的强度相匹配。傅里叶让人们知道了如何将一系列的复杂振荡转换为简单的正弦波。

在声音传到你耳朵的过程中，波是频率和振幅（音高和响度）的复合产物。耳朵要做的就是筛选它们然后转换为神经信号，从而产生清晰的音调。傅里叶变换用热传导方程这一基本偏微分方程进行数学运算，将复杂的信号变为正弦波。每次你将数码照片压缩为jpeg格式时，用的都是基于傅里叶变换的方法。

尽管傅里叶只是对“热”这一个方面感兴趣，但这项技术很快就在诸多领域得到了广泛应用。45年后，著名物理学家开尔文勋爵写道：

> 傅里叶定理，不仅是现代分析的最美丽的成果之一，而且可以说是解决现代物理学中几乎所有未解问题的必要工具。

温室效应

由于对热运动的着迷，傅里叶获得了另一个重要发现——温室效应。奥拉斯·本尼迪克特·德索叙尔曾用所谓的“热箱”进行实验，傅里叶在19世纪20年代对此产生好奇。热箱，是一个内衬黑色软木并暴露在阳光下的木箱。德索叙尔在箱子里隔出了三个独立的空间，并发现中间隔间的温度上升幅度最大。

傅里叶意识到这是由热量吸收和散失方式引起的。他用玻璃建造了自己的热箱。随着时间的流逝，箱子中的空气变得比周围空气更热，这表明玻璃可以让阳光进入箱体，但会留住热量。他推测地球也是如此。就像阳光透过玻璃一样，阳光进入大气层使地球变暖，但正是这层像玻璃一样的大气层气体阻止了部分热量逸回到太空中。他的模型更像一个温室，因此被称为“温室效应”。

振动如何产生图案？

数学弹性的第一步

德国物理学家恩斯特·克拉尼在金属薄片上做的实验无疑能跻身最美丽的实验之列。克拉尼将沙子撒在金属薄片上，然后用小提琴弓“演奏”薄片。薄片上的沙子立即跳动起来，自动形成一系列美丽的图案，被称为“克拉尼图形”。这一现象非常奇妙，看起来就像在变魔术。

1808年，克拉尼在拿破仑面前做了这个实验。这位皇帝一时间也惊叹不已，立即向数学家们发出悬赏，声称谁能解释这一现象，就能得到一千克金子。尽管奖金的诱惑很大，但大多数数学家还是被这个棘手的问题吓退了。不过，还是有一位年轻的女士玛丽－索菲·热尔曼全身心投入解决难题之中。在此期间，她在数学弹性理论方面取得了重大突破，并搞清了金属在压力下如何弯曲和回弹。

奇女子

玛丽－索菲·热尔曼是数学史上最杰出的人物之一。1776年，她出生于巴黎。法国大革命来袭时，索菲年仅13岁。被迫禁足在家的她翻开了在父亲的图书馆中发现的数学书。但她对数学日益增长的热情并不是当时女性该有的。为此，她的父母连晚上保暖的衣服和取暖的炉火都不留给她。直到她父母妥协前，她都只能裹着被褥，一边瑟瑟发抖，一边更加专注地读书。

她以男性笔名奥古斯特·勒·布兰克报名了巴黎综合理工学院的课程，但由于数学能力出众，当时的课程导师、杰出的

1815年

相关数学家：

玛丽－索菲·热尔曼

结论：

尽管受到种种阻拦，热尔曼仍然在数学弹性理论上取得了巨大进步。

数学家约瑟夫－路易·拉格朗日对她印象深刻，她不得不透露了自己的女子身份，而拉格朗日也因此成为她的终身支持者。

获奖之路

作为一名女性，热尔曼未能接受全面的知识培训。因此，她的研究时常因为一些基本错误产生纰漏，也正是这些纰漏掩盖了她真正的才华。尽管如此，她还是受到欧拉研究的启发，构思了一个弹性方程，并于1811年将研究成果提交给了法国科学院参与评奖。但遗憾的是，科学院评审之后认为她的研究存在缺陷，尽管她是唯一的参赛者，却没有授予她任何奖励，奖金因此顺延到了第二年。

这次，拉格朗日加入了她的研究，提出了一个方程来支持她的分析。尽管她通过拉格朗日的方程得出了数种克拉尼图形，为论文提供了论据，但评审团仍然认为她的数学背景不足以支撑她的研究。因此，作为唯一的参赛者，热尔曼再一次与这一奖项失之交臂，只获得了荣誉奖。

终于，在1815年科学院第三次颁奖的时候，热尔曼获奖了。但那时的她却没能完全享受到获奖的快乐。是的，她终于以胜利者的姿态解答了这个难题，其他数学家只能望而却步，但恰恰在颁奖典礼前不久，曾从事弹性研究的评委之一西莫恩·泊松写了一张简短的便条告诉她，她的分析还是存在不足之处并且欠缺数学的严谨性。

尽管如此，她仍没有放弃弹性研究，并于1825年再次向科学院提交了一篇重要论文。但是该论文没有受到包括泊松在内的委员会成员的重视，并遗失了55年，直到1880年才公诸于世。这一论文揭示了热尔曼在弹性数学方面取得的重大进展。

重新发现

热尔曼的一位数学家朋友，奥古斯丁－路易·柯西（1789—1857）阅读过这篇遗失的论文，并建议她发表。1822年，柯西撰写了一篇具有开创性的论文，解释了应力波是如何通过弹性材料传播的。这一论文标志着“连续介质力学”（continuum mechanics）的开始。该学科认为材料是连续的整体，而不是颗粒的集合。人们很难不去想象，热尔曼的研究究竟产生了多么重大的影响。

热尔曼的研究还表明，这些图案之所以会出现在克拉尼的金属薄片上，是因为薄片上只有那些地方是静止的。当琴弓使薄片发生振动时，沙子随之摇晃，落在少数几个不动的点上并越积越多。这些不动点的形状取决于琴弓摩擦时带动薄片轻微弯曲的方式。当然，薄片不是只弯曲一次，它像拨动的尺子那样来回振荡。因此，薄片上的细微变形是一种振动，会以波的形式透过薄片传递下去。

热尔曼的研究总结了弹性波的形状，她提出“在物体表面的某一点上，弹性与曲面在该点的主曲率半径之和成比例关系”。她的最后一篇论文融合了她关于曲率和弹性的观点，并帮助后人发现了弹性固体的平衡定律和运动定律。你在观察肥皂泡的时候就可以看出这两条定律。

在后续的学术生涯中，热尔曼致力于证明费马大定理（参阅第163页）。她是最早一批部分证明费马大定理的数学家之一。热尔曼发现了一类特殊的质数，现在称为“索菲·热尔曼质数”（Sophie Germain primes）。这类质数的发现推动了20世纪90年代费马大定理最终得证的进程。

1832 年

相关数学家：

埃瓦里斯特 · 伽罗瓦

结论：

人生短暂难掩出众才华，群论有力地解决了复方程问题。

何以为解？

解方程的新思路

埃瓦里斯特·伽罗瓦发现对称性可以用来求解复方程。他的故事是数学史上最鼓舞人心又极富悲剧性的篇章之一。伽罗瓦生于法国，长于拿破仑帝国覆灭之后。十几岁的时候，他投身于共和主义。他对共和主义的强烈支持常使他身陷困境。他才智过人且富有想象力，他不经意间在碎纸片上留下的潦草笔迹，往往是他对数学问题的洞见。

天才之见

伽罗瓦的老师们并不知道，正是在这些碎纸片上，伽罗瓦做出了那个时代数学领域最重大的突破之一。伽罗瓦对复方程痴迷不已，尤其热衷于研究当时的数学家用代数公式解复方程的局限性。没过多久，他就证明了虽然这样可以求二次、三次和四次方程（含有平方、立方和四次幂的方程）的代数解，但无法求解五次及五次以上方程。

16岁时，伽罗瓦针对这类复方程提出了一种完全颠覆性的解题方法。1829年至1831年，伽罗瓦三度向法国科学院提交了他的论文，陈述他的研究思路。前两次，论文都被弄丢了。当他第三次提交的时候，当时的评审西莫恩·泊松把他的论文退了回去，说他的研究内容非常晦涩，并且（错误地评判）其中包含重大错误。也正是这个评审对索菲·热尔曼的研究提出了严厉的批评（参阅上一节）。

悲剧转折

当时，波旁王朝最后一任国王查理十世在七月革命中被推翻流放，自封“公民国王”的路易·菲利普登上了王位。正在这时，伽罗瓦的父亲自杀身亡，这一悲剧给他的人生带来了极大的打击。父亲溘然长逝，自己的观点不受认同，都令他倍感痛苦。可能正是出于这种种原因，他愤然投身于共和党的激进主义运动，因此两度被捕。第三次他全副武装，带着上了膛的步枪、手枪和一把匕首，在巴士底狱附近被抓获。入狱后，他遭到了其他囚犯的虐待，也曾企图自杀。

伽罗瓦于1832年4月获释，之后他爱上了一个名叫斯蒂芬妮·菲利斯·度·莫特尔的女孩。他们通过书信往来，伽罗瓦的数学笔记中有寥寥数语提到过斯蒂芬妮。但很显然，他的情路并不顺利。5月30日，伽罗瓦卷入一场决斗并中枪身亡，年仅20岁。

共通之处

也许是预料到了自己的死亡，决斗前夜，伽罗瓦彻夜未眠，奋笔疾书。正是这些不顾一切留下的笔记确立了他的历史地位。伽罗瓦在笔记中写道，与其尝试用代数的方法毫无希望地死磕到底，不如想想怎么通过对称性和图式求解复方程。

例如，$\sqrt{4}$是多少？很明显，答案是2。但也可以是−2。尽管这两个解不同，但它们之间存在对称性，因为−2是2的负值。伽罗瓦这个想法的出色之处在于，在求解的过程中，你不需要一步步分解，只需要用不同的部分或“群”，在不同的置换中轮换即可。

对称妙用

对称的思想非常关键。例如，正方形的对称体现在许多方面，将其旋转90°，看起来没有变化；翻转过来，看起来还是没有变化。但是，你把它朝一个方向转，它就朝着那个方向了；把它翻一面，对着你的其实是另一面。众所周知，魔方就是这种对称旋转的例子。当然，伽罗瓦所指的并不是实际上的正方形或立方体，而是用相同的思路来形容“群”的术语。解方程的过程，就像玩魔方一样排列组合，这一想法非常精妙，令人叹服。

不过，伽罗瓦的思想沉淀了很长一段时间，才展示出真正的意义。20世纪时，“群论”成为数学的一门主要分科，自此不同的“群”纷纷涌现。

今天的伽罗瓦

2008年，数学领域的重要奖项之一亚伯奖被授予约翰·格里格斯·汤普森和雅克·蒂茨这两位教授，表彰他们“在代数领域的成就影响重大，对现代群论的贡献尤为显著”，这体现了群论巨大的适用范围。显而易见，学界已经亏欠了伽罗瓦将近两个世纪。

更重要的是，群论已成为探索亚原子世界的数学工具。因为它可以帮助物理学家绘出不同粒子和不同相互作用之间的对称性。可以说，没有伽罗瓦的数学思想，就不会有量子物理学。

机器能制表吗？

第一台机械计算机

1837 年

相关数学家：

查尔斯·巴贝奇、阿达·洛芙莱斯

结论：

巴贝奇设计了机械计算器，在他的启发下，洛芙莱斯编写出了最早的计算机程序。

1810年，查尔斯·巴贝奇还是剑桥大学的一名本科生。他坐在图书馆里，看着对数表，突然他灵感一现，想到了一个解决表中错误的绝妙点子。

纠错机器

第一份对数表的编写者是约翰·奈皮尔（参阅第61页）。他花了多年时间计算这些对数的值，许多人依靠他的结果进行计算。可问题在于，最初计算对数值的人很容易犯错，比如把数字2写成3，或者直接漏掉了一位数。毕竟是人就免不了犯错。人们使用对数表的时候，表里的错误就连带造成了数不清的错误。不仅是错过班车这样的小事，更可能在计算难题的时候得到一堆错误的结果。

要是能用机器来编表呢？这样就不会有错误，不会错过班车，不存在任何问题。巴贝奇的思路是先假设要计算所有整数的平方，即从$1 \times 1 = 1$、$2 \times 2 = 4$、$3 \times 3 = 9$、$4 \times 4 = 16$开始算起。开始的时候很容易，但随着数字增加，计算难度会越来越大，比如279×279。但再看看平方数之间的差：1、3、5、7、9。这些差是连续的奇数。因此，要得到下一个数的平方，你要做的是加上下一个奇数。从$5^2 = 25$开始，加（$5 + 6$）等于36，然后36加（$6 + 7$）等于49。

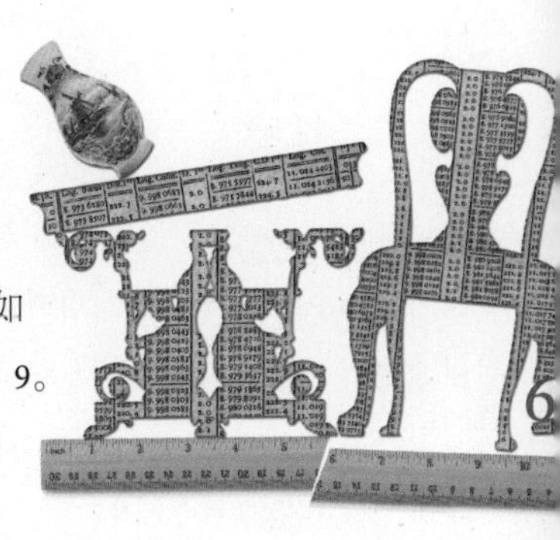

差分机

巴贝奇设计了一台机器，用于加减这些差值，他称之为

“差分机”。1822年，他研制了一台构造简单的“差分机”。它有六组字轮模型，并且能够运转！这一发明让英国皇家学会印象深刻，天文学会还为巴贝奇颁发了有史以来的第一枚金奖章。为了造出真正实用的机器，巴贝奇需要大量的资金。他说服财政大臣拨款1 500英镑支持他的研究。不幸的是，巴贝奇认为这笔钱只是研究的一笔预付款，政府却认为这是研究所需的全部费用。不过，他拿到这笔款之后至少可以开始研制自己的差分机了。

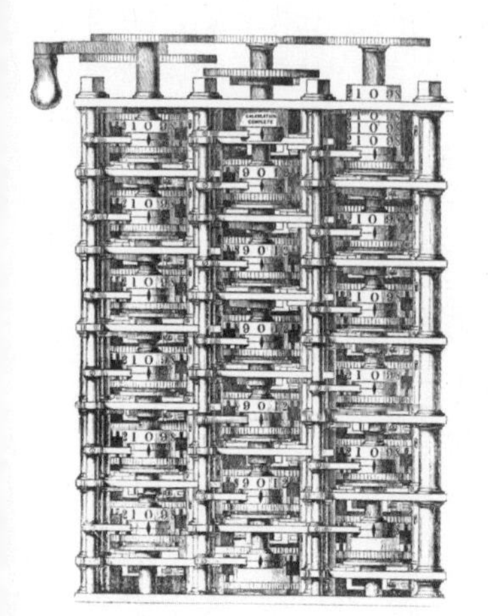

巴贝奇最终还是没能完成他的机器。他所要求的工程精度几乎超出了当时的技术水平。一时间，他与工程师约瑟夫·克莱门特陷入了激烈的纠纷。巴贝奇不断产生新的想法，不断出国追逐新的梦想。最终，政府拨给了他17 000英镑，虽说在当时是个惊人的数目，但还不够。这是一项烧钱的研究。

分析机

19世纪20年代后期，纠纷还在继续，巴贝奇却构思出了一种更好的机器——“分析机”。这让局面更加糟糕。这样一台机器如果能研制出来，就意味着第一台可编程计算机的诞生。毫不奇怪，他没能得到任何资金支持。要是没有阿达·洛芙莱斯的帮助，分析机将完全止步于巴贝奇的构想中。

巴贝奇制造的机器

巴贝奇的分析机可以获得打孔卡片上的指令，我们现在称之为“程序”。洛芙莱斯分几个部分来描述其构造，分别为“仓库”（store，即内存）和“工坊”（mill，即中央处理器），并推测了这台机器的功能。她认为，这台机器不会产生原创性的想法，但是会极大促进科学的发展，并且可能有助于音乐创作。

阿达·洛芙莱斯

1833年，伟大的浪漫主义诗人乔治·戈登·拜伦的女儿阿达·洛芙莱斯遇见了巴贝奇，并为他的计算机思想着迷。1842年，她翻译了巴贝奇在都灵所做的一次演讲，并根据他的建议加上了自己的注释。她注释内容的长度是论文的三倍，这些注释提供了关于分析机最全面的信息，让我们知道了分析机可能实现的功能。

最重要的是，洛芙莱斯准确而详细地描述了分析机在执行大量复杂的数学计算中所需的指令。她是写下这个想法的第一人，因此可以称得上是世界上第一位计算机程序员。

第一个计算机程序

巴贝奇尝试使用机器生成更准确的对数表，但最终没有成功。他发布了相当准确的对数表，但这些表是手工计算和汇编的。他设计的这两种机器最终没能制造出来。直到100年后，机器才以他设想的方式运转起来。尽管巴贝奇没能看到自己的想法成真，但他和洛芙莱斯所做的基础研究还是为20世纪和21世纪的计算机发展铺平了道路。计算机如今已是数学研究的基础部分。正如巴贝奇所预期的那样，计算机不仅可以提供更准确的结果，还为现今的数学家们节省了大量时间，没让这些宝贵的时间浪费在枯燥乏味的计算上。

这些进步为数学研究腾出了时间，使人们可以专注于更多的概念性想法。例如，搜索梅森素数的分布式网络计算（GIMPS）——一个搜索最大质数的计算机网络。没有巴贝奇和洛芙莱斯的研究，这些质数就只能靠手工寻找。现在，数学家们根本不用花时间去找这些质数，就可以自由地研究它们的性质并寻找其分布方式。

1847 年

相关数学家：

乔治 · 布尔

结论：

布尔代数创建了一种遵循数学定律的逻辑。

何谓思维定律？

布尔代数的发明

1847年，林肯郡一名鲜为人知的校长卷入了两位数学家之间的争执，并提出了一个扩展的答案。这个答案后来被证明是对世界的全新思考方式——一种被称为逻辑代数的思维方式。没有这一思维方式，就没有我们现代计算机技术的发展。

当然，这位校长不是一位普通的校长，他的名字叫乔治 · 布尔。尽管当时他只是个乡下教师，但已经开始在数学界崭露头角。不过，正是他在逻辑代数（现在称为“布尔代数”）方面的研究，为他赢得了流传于世的声誉，他因此被任命为科克大学的第一位数学教授。

数学的推论

在林肯郡的时候，布尔发表了《逻辑的数学分析》（*Mathematical Analysis of Logic*）一文，阐述了他的最初想法；而到了科克大学，他将最初的想法发展成了成熟的理论，并发表了论文《思想法则》（*Laws of Thought*，1854）阐述他的理论思想。布尔的伟大构想是通过代数找到一种方式，创造一个能普遍应用于任何逻辑论证的系统。

此前的半个世纪，数学逻辑的观念逐渐兴起，而布尔却将其付诸了实践。关于系统逻辑的思想有数千年的发展史，其中最著名的是亚里士多德的著述。亚里士多德的体系包括著名的三段论推理，分为三部分：两个假设或“前提”（大前提和小前提），以及前提指向的一个结论。例如，你可能会这样推论：所有鸟类都产卵（大前提）；母鸡是鸟类（小前提）；所以母鸡产卵（结论）。

新逻辑

布尔明白，数学也是这个道理。因此，他的想法是重新构建哲学逻辑，使其能够像数学那样简单精确地用于表达。他的目标是构建一个可以广泛应用、包罗万象的思想体系，就像数学可以大范围应用在数字问题中一样。

他的方法是用简单的等价词代替加法和减法等数学运算，这些等价词和运算具有相同功能，但可以应用于任何推理。很快，他意识到“前提”可以用简单的代数符号代替，例如X或Y；此外，所有内容都可以简化为三个函数：AND（与）、OR（或）和NOT（非）。

例如，X和Y是两组集合。当两者有交集时，它们就是X和Y（X AND Y）。这在算术上类似于$X \times Y$。在X和Y没有交集时，它们就是X或Y（X OR Y），在算术上类似于$X + Y$。

因此，如果X代表所有绿色的物体，而Y代表所有圆形的物体，两者总和就可以表示为$X \times Y$或XY。XY表示的是所有绿色的圆形物体。而且，由于绿色且圆形的物体，也是圆形且绿色的物体，因此可以说$XY = YX$。在每个X也是Y的情况下，这类的组合定律可以得出$XY = X$，甚至$XX = X$或者$X^2 = X$。最后一个等式在数学运算中显然行不通，但在布尔逻辑中没有问题。

同样，如果类别互斥，例如男人（X）和女人（Y），则应输入$X + Y$。当然，你可以说$X + Y = Y + X$。

如果你要添加一个新类别，例如法国人Z，则可以说：$Z(X + Y) = ZY + ZX$。换言之，法国的所有男人和女人，等于所有法国男人和所有法国女人。如果Z（法国人）包含所有法国女性（Y），则可以将除了法国女人以外的所有法国人，表示为Z非Y（Z NOT Y）或$Z-Y$。

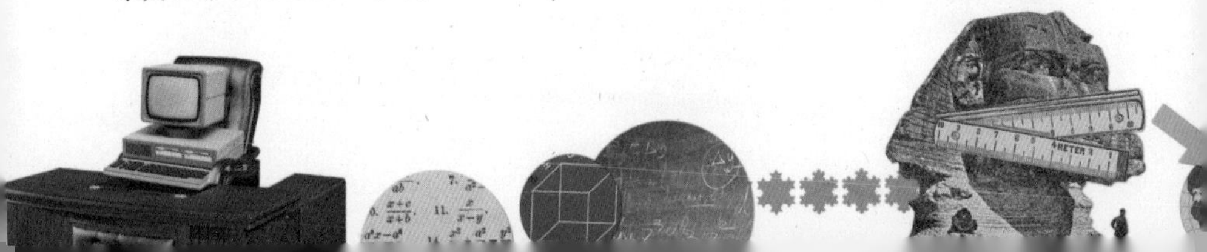

布尔游戏

令人惊讶的是，这种与数学的简单联系一直存在于语言中，几乎显而易见，但是在布尔之前没有人真正注意到这一点。这是一种非凡的洞察力和真正的天才之处。尽管布尔的天赋在当时就获得了认可，但人们花了几十年才意识到他的远见所在。他安然地生活在爱尔兰，在数学领域还做出了其他的伟大贡献，但最重要的研究还是布尔代数。他所做的就是创建了一个体系，在体系中不仅可以把所有思路转化为简洁明了的运算，而且还提供了一种评估这些运算的方法。

布尔死后的70多年，他的想法几乎一直明珠蒙尘，后继无人。直到20世纪30年代，年轻的克劳德·香农才重拾了布尔的研究。他当时在贝尔电话公司工作，正在寻找一种将信号减少到只剩必要信息的方法，以避免长途电话中的噪声问题。当布尔的研究被重新发现时，克劳德·香农认识到这对于信息论来说是个重要见解。受布尔简单逻辑的启发，香农意识到有可能将所有信息简化为用1和0表示的二进制数字。这一闪而过的灵感，是照亮计算机时代的天才之光。

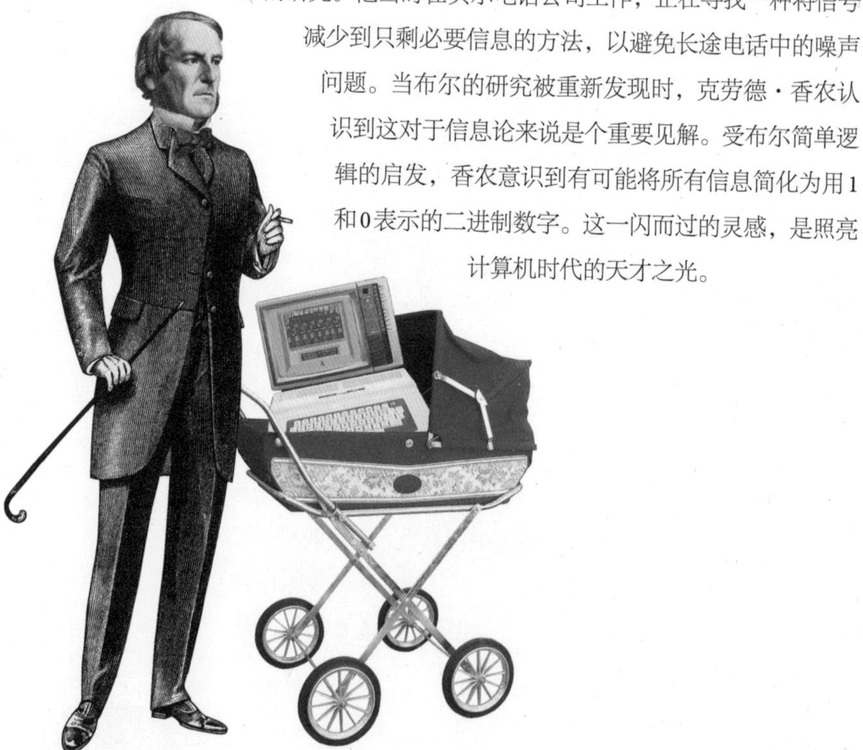

统计数据如何救死扶伤？

1856 年

相关数学家：

弗洛伦斯 · 南丁格尔

结论：

统计学被用来改善医院的状况，挽救了许多生命。

统计分析与医疗改革

当女性还被排除在英国的大学教育之外的时候，由于家风开明，弗洛伦斯·南丁格尔就接受了完整的学科教育。她从小就热衷于排序和数据，9岁的时候就详细记录了自家菜园生产的农产品。她还是年轻姑娘的时候，就遇到了查尔斯·巴贝奇（参阅第107页）等知识分子中的领军人物，并因此接触到了统计学这门新学科。

在维多利亚时代，印刷和通信等新技术的兴起，意味着可以收集和研究“大数据”。收集新数据的便捷性不断推动数学进步，只有数学不断发展才能充分理解数据并确定其模式所在。

南丁格尔注意到条形图和饼图等新颖的数据表示法，并产生了使用数据来调查社会问题的开创性想法。她开始思索量化证据如何推动政策的变化，尤其是在公共卫生方面。南丁格尔感受到了人道主义的号召，希望成为一名护士，这对于她这样背景的女性而言非同寻常，但她认为这是检验她想法的最佳途径。1853年，她在哈利街一家妇女医院义务担任护士长。次年3月，克里米亚战争扩大化地爆发了。

卫生改革

战争期间，绝大多数死亡都是由疾病造成的。当时，因病去世的风险可能是受伤身亡的10倍。这些疾病中许多是可以预防的。现

在看来，通过改善饮食、注重卫生保健和加强公共卫生显然可以挽救生命，但当时的医疗和军事机构明显没有意识到这些。

1854年11月，南丁格尔抵达了君士坦丁堡斯库塔里的陆军医院。那里的情况令人震惊：第一个冬天，4 000多名患者丧生。她后来写道："我们的士兵被征召入伍，却在营房中丧命。"除了明显的肮脏之外，南丁格尔还发现了造成死亡率居高不下的根本原因——管理混乱。伴随污秽的卫生环境和患者营养不良的状况，治疗无法协调，患者生存的希望渺茫。

南丁格尔立即着手系统地收集数据：标准化的医疗记录，一致的疾病分类，准确的饮食记录，幸存患者的康复时间。基于这些可靠的数据，这种医疗困境的解决办法日渐明朗：对医院进行彻底的"卫生改革"，并对护理人员进行严格的培训。在她任职期间，患者死亡率从60％下降到了2％。之后，南丁格尔回到英国，被人们推崇为民族英雄。人们用诗句赞颂她，称她为"提灯女神"。但不仅如此，她还是一位手握数据的女士。

令人信服的鸡冠花图

那时和现在一样，数据很难掌握。收集确凿的证据是一方面，但南丁格尔还有另一项伟大的成就。她发明了一种图形表示形式，使数据的展示足够生动，从而说服政客采取措施。毕竟，她想推动的医疗改革并不便宜。她采用了饼形图这一早已惯用的图表，在此基础上发展出了极区图，她自己昵称为"鸡冠花图"（coxcomb）（见下一页）。

这一图表传达了大量的信息。每个分区都描绘了给定月份的死亡率，图表的整体反映了年度情况。你一眼就可以看到卫生改革的效果。有颜色的区域显示死亡原因。蓝色部分（一直算到图的中心）表示由可预防疾病导致的死亡率。它和较小的

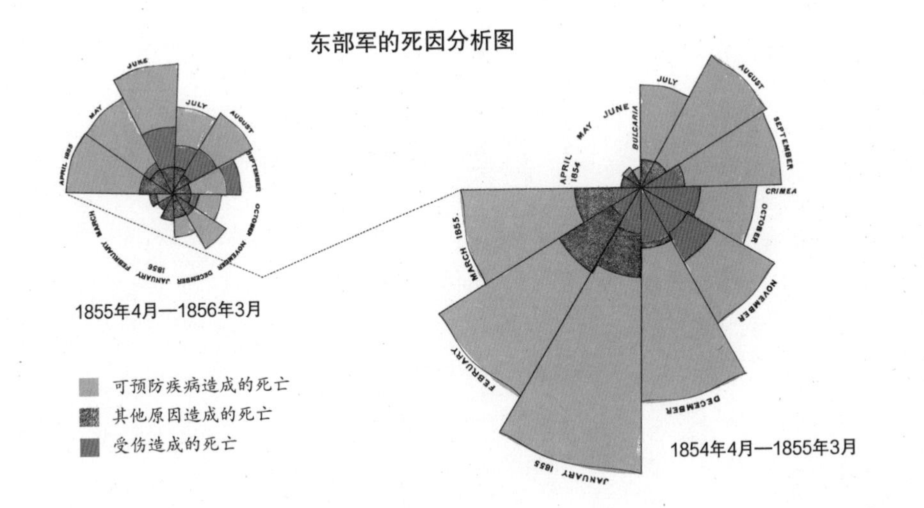

黑色部分（“其他原因造成的死亡”）以及靠近中心红色的部分（“受伤造成的死亡”）重叠。很明显，伤口是最不可能致死的因素。相较在表格里比较数字的大小，用不同颜色区分的引用数据在视觉上更引人注目，也提供了更多信息。这使医疗改革广泛传播。

现今的医学统计学家可能会批评这些数据。首先，这些数据不过来自一次卫生改革的公开临床试验。我们怎么知道是否有其他原因导致死亡率下降？比如天气好了或蚊子少了？其次，以今天的标准衡量，这些数字有多糟？南丁格尔解决这个问题的办法，仅限于增加了一个与英国平均死亡率相比的圆圈：维多利亚时期的医院绝对是危险的，而军事医院的情况则最为糟糕。最后，我们可能会问：生存率的提高有没有可能纯属偶然？从统计学角度来看，这些数据是否显著？答案显而易见，但是当时还无法证明。作为第一位入选英国皇家统计学会的女性，南丁格尔促使统计学进一步发展，最终使证实这些问题的答案成为可能。

1858 年

相关数学家：

奥古斯特·莫比乌斯、约翰·本尼迪克特·利斯廷

结论：

外观简单的莫比乌斯带颠覆了形状数学。

几个侧面和几条边？

拓扑学的诞生

莫比乌斯带是有史以来最奇怪的形状之一。它的做法很简单，你可以剪一根纸条，先将其绕成一个圈，然后将纸带的一端扭转一面，粘贴到另一端上，这样就得到了一个莫比乌斯带。这再简单不过，但恰恰成为一个难解之谜的核心。这一谜题开启了数学的一整个分支——拓扑学。这一学科研究的是形状和曲面在弯折、扭曲和皱缩时的属性。

莫比乌斯带

莫比乌斯带令人着迷之处在于，它只有一条边和一个面。它看起来很像腕带，你也确实可以把手伸进去戴上。但是，腕带有两条边和两个面。莫比乌斯带上的扭曲完全改变了它还是纸条时的特质。你可以用手指沿着带子边缘滑过，绕了两圈之后，你会发现，你的手指又回到了开始的位置——因此它只可能有一条边。著名画家莫里茨·科内利斯·埃舍尔擅长画不可能的形状，他曾经绘制过一幅素描，画中一群蚂蚁在绕圈爬行，似乎在进行永无休止的旅程。

这似乎是无限的具现化。数学家们陆续又创造了其他“无限”形状，例如克莱因瓶。对一些人来说，莫比乌斯带的神秘具有象征意义。乔伊斯·卡罗尔·欧茨就曾写道：“我们的生活就像是莫比乌斯带……痛苦和惊喜并存。我们的命运是无限的，并且处于无限循环中。”

实际上，用剪刀剪开莫比乌斯带，你可以得到一些有趣的结果。如果你沿中线将带子剪开，并不会得到两个环，而会得到一个扭过两次的大环，这令人费解。但是，如果沿三等分线剪开，你将会得到两个环——一个环的周长和原本的莫比乌斯带一样长，另一个环的周长是原来的两倍。哦……它们还是相互套连在一起的。

不过，这条带子可不仅是聚会上用来娱乐的把戏。19世纪50年代，德国数学家约翰·本尼迪克特·利斯廷和奥古斯特·莫比乌斯分别独立发明了莫比乌斯带。这一发明标志着拓扑的起点，利斯廷和莫比乌斯在同一时间提出了这一想法并非偶然。这两个人都是伟大的德国数学家卡尔·弗里德里希·高斯的学生，甚至有可能是高斯先发明了这个带子，并将这一思想传给了他的两位学生。

拓扑的诞生

在此之前，没有既规则又能够测量的边的几何形状一直是数学家们的禁区。早在1735年，面对哥尼斯堡7桥问题，莱昂哈德·欧拉就没有采用测量的办法，而是将重心放在了关键点的布局上。因此，这是有史以来第一个拓扑发现。但这仅是一种好奇的试探，而不是重大事件的开端。杰出的数学家高斯在拓扑方面做了很多基础研究，但由于害怕受到讥嘲，他对这些研究完全保密。

因此，莫比乌斯带并不是什么破天荒的发现，而是高斯的两个学生在研究拓扑形状的过程中，研究范围向外扩大的一部分。确实，利斯廷借用希腊语单词“topos”（意为“地点”）创造了“拓扑”（topology）一词。然后，这条带子回答了这个问题：“是否有可能构建一个只有一个面和一个边的三维形状？”

很明显，奥古斯特·莫比乌斯当时正在研究多面体：具有多个面的立体图形。在1750年写给哥德巴赫的信中，欧拉首次强调了这些形状，为它们提供了一个通用等式：$v-e+f=2$。

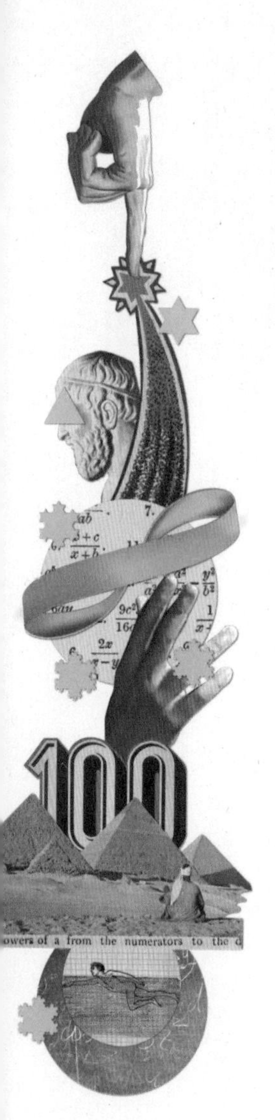

该等式中，v表示多面体的顶点数，e表示边数，f表示面的数量。瑞士数学家西蒙·安托万·让·维利耶少有人知，但正是他在1813年意识到，欧拉的公式并不适用于有洞的立体图形。他提出了一个新等式，对于具有g个洞的立体图形而言，应该是$v-e+f=2-2g$。

莫比乌斯关注的正是这个问题，我们马上就会讨论洞的问题。

立体图形中的洞

自从这个问题被发现，拓扑学家已经学会将莫比乌斯带应用于对形状更广泛的理解。例如，关键因素之一就是洞的数量，这使拓扑学家可以识别不同的亏格（genus）。像棒棒糖一样没有洞的形状，其亏格为0；咖啡杯和甜甜圈的亏格都为1。因为后两个物体都只有一个孔洞，所以只要通过拉伸和弯曲，杯子就可以变成甜甜圈的形状——理论上是这样，但你大可以想象它是用橡皮泥做的。

然而，莫比乌斯带和腕带中间也都有一个洞，因此仅靠亏格并不足以区分两者。它们的区别在于，莫比乌斯带是“不可定向的”，而腕带是“可定向的”。你（或蚂蚁）穿过可定向的表面的时候，永远都将以同样的方式结束；但在不可定向的表面上，就像埃舍尔画的莫比乌斯图形一样，蚂蚁爬到最后会和镜像一样翻转过来。

莫比乌斯带的发现和随之而来的拓扑结构的发展，为研究自然世界开辟了新的途径。例如，在理解生物中的DNA（脱氧核糖核酸）螺旋结构如何解旋时，拓扑的分支——纽结理论起到了关键作用。在探索物质的基本性质时，它又和弦理论结合在一起。拓扑带来了新的数学发现。2018年，数学家阿克萨伊·文卡特什就因为将拓扑与数论等其他领域相结合的研究荣获菲尔兹奖。

归入哪个圆？

1881年

相关数学家：

约翰·维恩

结论：

维恩图可不仅仅是简单的图表。

维恩图

很少有数学思想能像约翰·维恩在1881年发明的维恩图那样，渗透到大众的意识中。不论是将某人数据化，还是把原子级粒子分类，你都能够通过维恩图，以图表的形式非常有效地将事物分组并把重叠区域展现出来。约翰·维恩是一位谦逊的英国数学家和逻辑学教授，他发明了这类图表。在《论命题和推理的图解和机械表示》(*On the Diagrammatic and Mechanical Representation of Propositions and Reasonings*) 一文中，他以平铺直叙的方式展示了这类图表。他要是知道自己发表的这些图表对后世产生了多大影响，肯定会惊讶得合不拢嘴。

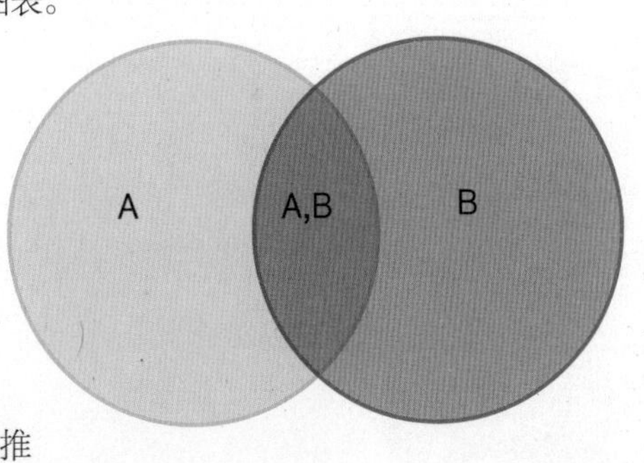

如今，维恩图的应用远远超出了数学范畴，但维恩当初只是想要发明一个简单的数学工具，然而却与最先进的数学思维相吻合，布尔曾推出用AND、OR、NOT相连的布尔代数（参阅第110页），符号逻辑因此盛行一时。19世纪70年代中期，格奥尔格·康托尔和理查德·戴德金发表了开创性研究之后，集合论同样不遑多让。

逻辑体系

维恩希望用他的图表，表示数学逻辑体系。维恩图研究的是具有共性的事物的集合，例如动物的属。每个集合都用一个圆表示，而圆和圆之间是重叠的。（这些圆不用画得很标准，画成椭圆也无所谓）每个集合中的对象（称为“元素”）排列在圆中，同时属于两个集合的对象放置在这两个圆的重叠区域中。比方说，一个圆用来表示能在水里游泳的动物，例如鱼；另一个圆用来表示能在陆地上行走的动物，其中可能包含多种哺乳动物。那么，像水獭这样既能在水里游又能在岸上跑的动物，就放在两者的重叠位置。

但这可不仅是一个不错的图示。圆代表了形式逻辑的阶段。两个圆的维恩图表示的是直言命题，例如，“所有A是B”，“没有A是B”，“有些A是B”，以及“有些A不是B”。另外，三个圆的维恩图代表三段论，其中有两个分类前提和一个归类结论。例如，所有的蛇都是爬行动物，所有的爬行动物都是冷血动物；因此，所有的蛇都是冷血动物。

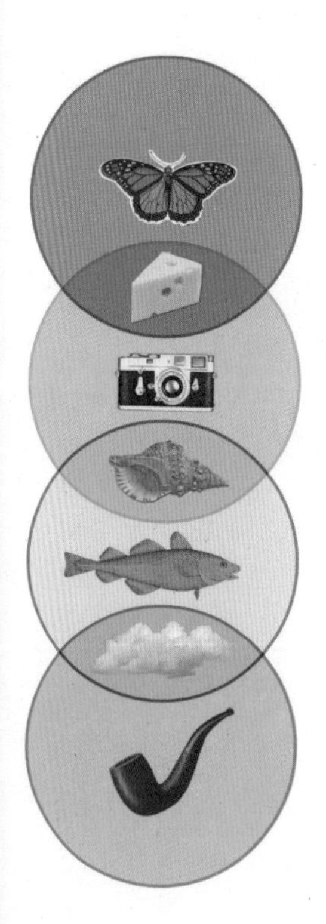

所以，维恩希望这些图不仅是用来规整分类的工具，还是一套逻辑证明的体系。用作逻辑证明的关键在于选定集合的类目（通常由大写字母X、Y、Z表示），以及每个集合内的元素（通常由小写字母x_1、x_2、x_3等表示）。如果选择得当，重叠部分即为证明。

前人之见

维恩的想法倒也没那么原创。早在13世纪，加泰罗尼亚的修道士拉蒙·鲁尔就用各种图形表示过逻辑关系。17世纪，戈特弗里德·莱布尼茨也曾提到过用圆将物体分类。

1760年，瑞士数学家莱昂哈德·欧拉发表了关于如何用圆表示对象之间逻辑关系的文章。维恩在自己的论文中公开承认对欧拉有所亏欠，并提到了“欧拉圆”图。不仅如此，他还坦言这样的圆早就为人所知。但实际上，维恩的研究和前人大相径庭。欧拉圆显示的仅是集合之间的相关关系，而维恩图表示的是集合之间所有的关系。

我们可以用这样一组对象来举例，分别是啤酒、低酒精饮料和无麸质饮料。用维恩图来表示，你将看到三个重叠的圆，显示了它们之间的不同组合。这三者重叠的部分是低酒精、无麸质的啤酒。即使实际上没有这种饮料，维恩图也显示了这种存在的可能性。而欧拉图仅能够表示圆中圆的关系，即，假设所有低酒精饮料都是啤酒，则啤酒的圆内包含低酒精饮料的圆。这样的图显示不了所有可能的关系。

今日发展

在数学和逻辑方面，维恩图这一工具的强大已经毋庸置疑。它是集合论不可或缺的一部分，在概率研究中也颇具实用性。数学是关于逻辑关系的学科。尽管看起来很简单，但维恩图可以从根本上揭示数字集合之间的关系。例如，过去的半个世纪，人们已经证明了维恩图可以用于阐明质数。格雷码（用于贝尔公司的工程师弗兰克·格雷于1947年开发的二进制编码中）、二项式系数、旋转对称性、旋转门算法等，都可以和维恩图结合使用。

平面的维恩图一般只有两到三个集合。但数学家们已经在三维或更高的维度上构建了维恩图，并增加了更多集合。借助超立方体（tesseract，立方体的四维类比），他们可以用维恩图表示16组对称的相交集。如果他们愿意放弃对称性，他们还可以走得更远。甚至连维恩本人也使用管子、椭圆和圆，巧妙地构思了多达6组集合的版本。

但是事实证明，维恩图的作用远不局限于数学领域。它们被广泛用于教学中，教师们借助这一教学工具比较不同的想法。实际上，从广告到军事计划，到处都有维恩图的身影。事实证明，维恩图是有史以来最简单但功能最强大的思维结构表达方式之一。

1899年

相关数学家：

亨利·庞加莱

结论：

庞加莱的错误彻底革新了我们对混沌系统的理解。

为什么存在混沌系统?

概率背后的数学

那应该是法国数学家亨利·庞加莱事业上的高光时刻。那时的他刚获得瑞典国王奥斯卡二世颁发的奖项，表彰他在三体问题上杰出的原创性研究。他甚至因此被授予荣誉军团勋章，并当选为法国科学院院士。

1899年6月，在他的获奖论文即将出版之际，年轻的编辑拉斯·菲拉格曼通知他该论文存在重大错误。让庞加莱惊恐的是，菲拉格曼是对的。已经印刷好的论文副本必须召回重印，这高额的代价远远超过2 500瑞典克朗的奖金。更糟糕的是，在公众的注目下犯这样的错误无疑是奇耻大辱。然而，庞加莱用他革命性的观点，化解了这场灾难。他立刻承认了自己的错误，并着手寻找自己出问题的地方。他花了很多年的时间，然而这样的勤奋工作使他有了一个新发现，并最终开启了数学领域一个新的主要分支——混沌理论。尽管当时看来，这是条死胡同。

三体问题

1885年，庞加莱开始研究三体问题，决心赢得瑞典国王颁布的奖项。这个问题早已存在：如何证明或否定太空中相互作用的三个天体之间存在稳定的运行轨道？很久以前，两体问题就得到了解决。但由于三个天体之间存在太多变量，许多伟大的数学大师都在三体问题上铩羽而归（参阅第90页）。

因此，庞加莱决定采取一种新方法。他没有尝试使用三角级数去跟踪每个质点的运动，而是决定使用自己协助开发的新技术——拓扑学，分析整个系统的运动状态。他的方法涉及微分几何。该学科研究的是图形曲线、曲面和流形（曲面的高维表示）。微分几何回答的是这样的问题：“曲面上两点之间的最短路径是什么？”庞加莱用它来计算“相空间”中从不同视点出发的轨道，也就是说该空间是多维的，因为它同时表示了一个系统的所有可能状态。他的数学研究不仅出色，而且走在了时代的前沿。

通过这种方式，庞加莱取得了长足的进步。但这仍然是一个令人敬畏的问题。为了得到切实的结果以验证他新方法的优势，他专注于攻克限制性三体问题。在限制性问题的假设中，第三天体的质量极小，对其他两个天体没有引力的影响。最后，通过这种限制探究范围的方式，他终于能够在三体系统中找到稳定的运行轨道。他的证明涉及两个相对的“渐近曲面”——代表着正、负曲率之间边界的曲面。两个渐近曲面的相遇，证实了轨道的稳定性。

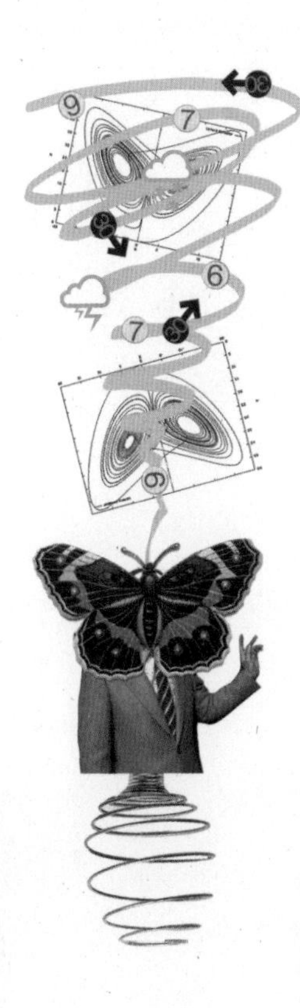

获奖和受挫

评审委员会承认，这绝不是一个完整的解决方案，但是这个方法的独创性和成功给他们留下了深刻的印象。于是，委员会毫不犹豫地将奖项授予了庞加莱。然后他就受到了重重一击。庞加莱假设两个渐近曲面相遇，会合并成单独的一层。但他再看了一遍之后发现，这两个表面还可能出现交叉并重新交叉的情况。尽管这只是一个小错误，但在翻倍多次后意味着他的方案失败了。

庞加莱煞费苦心地重新推演了他的计算。历经18个月，他终于发表了修订版。但在研究过程中，他发现了自己的错误所在。他认识到，即使初始条件发生非常细微的变化，也会导致轨道产生极大的改变。庞加莱很快反应过来，这意味着，概率将在确定性系统中发挥重要作用。就像在牛顿宇宙观中，一切事物都根据运动定律行事。

宇宙的运动定律适用于每一个运动。这意味着，只要计算正确，你应该能够完全预测出未来的运动轨迹。但是庞加莱写道："一个我们没注意到的极小原因决定了我们无法忽视的重大影响，然后我们把这种影响的产生归因于概率。"换句话说，一些运动的差异太小，以至于只能称之为概率事件，可能会对结果产生巨大影响。所以，他写道：

可能会发生这样的情况，初始条件中的微小差异，会在最终现象中呈现为非常悬殊的差别。前者失之毫厘，后者谬以千里。预测变得不可能……

概率论

这就是庞加莱在三体计算中出问题的地方。但这不仅仅是为了证明错误而做出的努力，他坚信这是一项重大发现。1899年，他发表了一篇关于这一发现的论文，然后在1907年出版了一本广受欢迎的书《概率》(*Chance*)。在《概率》中，他用了“混沌”一词来描述这些微不足道的概率因子如何使那些系统变得不可预测。他解释了男性和女性细胞相遇时零点几毫米的差距就可能改变历史，出生的可能是拿破仑，也可能是个傻瓜。

庞加莱指出，概率与确定性系统并非完全不相容。他认为，天气不过是概率在大气不稳定性中起作用的结果。他说：“人们祈祷下雨，但与此同时祈祷日食却被认为是件荒谬的事情。”实际上，他认为严格意义上天气和日食一样是确定事件。只是由于偶然性对天气产生的作用太大，因此我们没有足够的知识来预测它。这样的系统似乎是混沌的，但是一般的宇宙法则仍然完全有序地运转着。

这确实是一个重大发现。但当时的大多数人，甚至庞加莱本人都认为这不过是满足好奇心的打趣。但是，随着蝴蝶效应的发现和混沌理论的发展，所有这些都在半个世纪后发生了变化(参阅第157页)。

6. 在思想和宇宙中：1900—1949 年

20世纪初，应用数学和纯数学之间的分歧愈演愈烈。人们越来越难将可以广泛应用于实际的数学与追寻普遍真理的数学画上等号。前者如克劳德·香农发明的二进制数字信号，后者如拉马努金提出的那些关于 π 和质数的思想。它们无疑都是“数学”，但属于不同的方面。

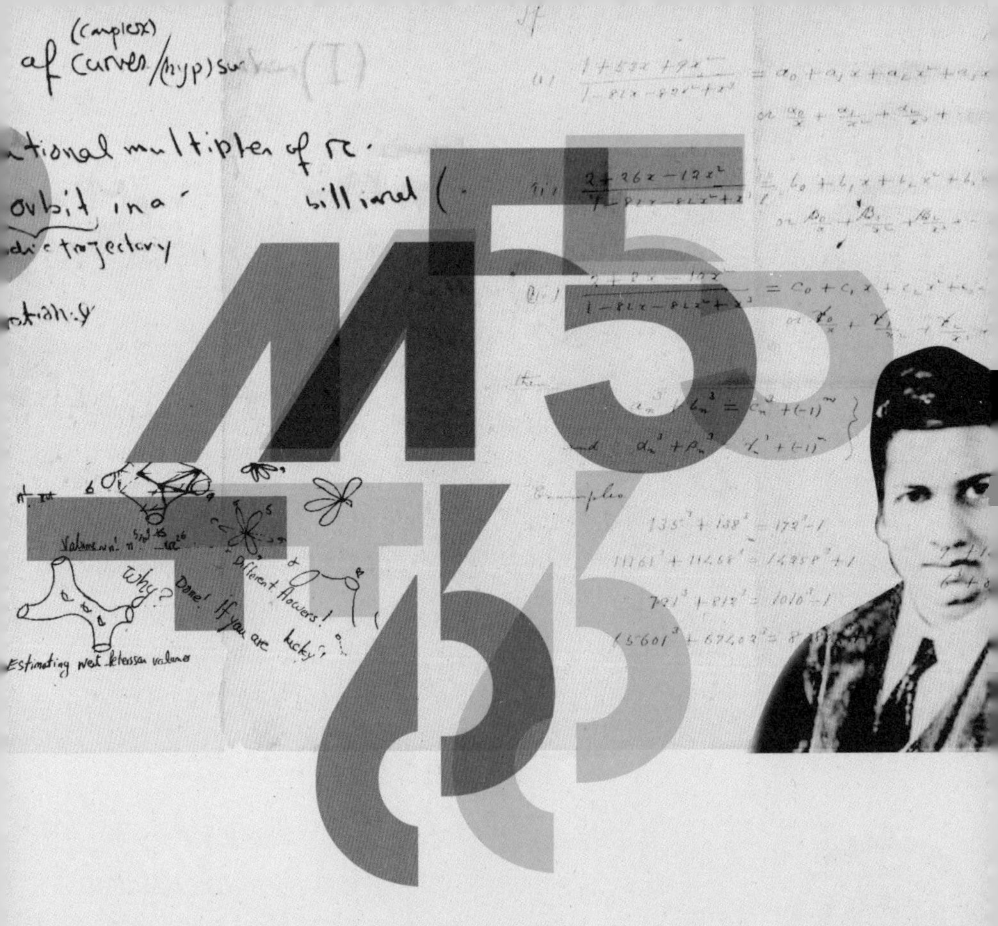

这些分支的旗帜越发鲜明，几位美国数学家在实用数学领域脱颖而出，实现了一些意义重大、最为醒目的飞跃。约翰·纳什将冯·诺依曼的博弈论去粗取精，纳什的观点一经提出就成为经济理论的基石。与此同时，香农和诺伯特·维纳从现实问题中汲取灵感，为20世纪的一些标志性技术奠定了数学基础。

1913 年

相关数学家：

埃米尔 · 博雷尔

结论：

只要时间足够，最不可能的结果也可能出现。

猴子多了就能写出莎士比亚吗？

无限猴子定理

1854年，爱尔兰数学家乔治 · 布尔说过，“概率，是建立在不全面的知识基础上的预期。一旦了解了影响事件发生的所有情况，人们的预期就会转变为必然”。

那么问题来了，如果我们不确定可能发生的事会不会发生，那么我们能确定不太可能发生的事不会发生吗？又是什么时候从“不太可能”变成“不可能”的呢？大约一个世纪前，这个问题引起了法国数学家埃米尔 · 博雷尔的兴趣。“不可能”和“不太可能”的含义内嵌在我们的语言中。“闪电不会两次击中同一个地方。”“哦，永远不会发生！”但也许可能……

概率简史

早在古希腊和古罗马时代，就有许多思想家在思考世界是否完全由原子偶然结合形成。古希腊哲学家亚里士多德认为是可能的——虽然听上去不太现实，但不排除可能性。古罗马学者西塞罗认为，要确认某件事情绝对不会发生是不太可能的。我们现在知道，他们说的都对。是的，确实有无数的原子聚集在一起，但这并非纯属偶然——它们都受到了引力作用。即使遇上不确定性，数学家也还是更偏爱确定性。因此，几个世纪以来，许多人都设法确定不可能的事物。例如，18世纪，法国哲学家让 · 达朗贝尔的母亲就曾告诉他，他永远不会成为哲学家。达朗贝尔探究的是一连串事件中某一情况发生和不发生的概率是否相等。例如，投掷200万次硬币，有可能每次都正面朝上吗？

100年后，另一个法国人安托万 · 奥古斯丁 · 库尔诺

（1801—1877）提出：是否可以使锥体用它的顶点保持平衡？当然，我们都看到过马戏杂技演员和观念艺术家表演看上去不可能的平衡动作。不过，库尔诺想区分的是物理确定性（在物理意义上肯定能发生的情况，比如平衡锥）和实际确定性（实践中太难做到，因此被认为不可能发生的情况）。用他的话说："概率很小的事件不会发生，这是一种实际的必然。"我们现在称为"库尔诺原理"（Cournot's principle）。

单一概率定律

20世纪20年代，埃米尔·博雷尔就此发表了一系列论文。博雷尔是一位政治家，于1925年担任保罗·潘勒韦政府的海军陆战部长。两人同时又都是数学家。可谁又知道博雷尔的政治生涯在多大程度上影响了他对不可能事件的兴趣呢？

在探究"不可能"的概念时，博雷尔提出了所谓的"单一概率定律"，即现在的"博雷尔定理"。这一定律与库尔诺原理基本相同。博雷尔认为，某些事件虽然在数学意义上并非不可能发生，但由于可能性太小，实际上不可能发生。当然，有一天太阳可能会从西边升起，但这种可能性太小了，几乎不可能。

为了解决这一问题，博雷尔设置了一个尺度。在这个尺度上，事件发生的可能性极小，因此实际上被认为不可能发生。但这并不意味着这些事件在数学上是不可能的，而是看起来过于不可能所以数学家将其视作不可能。从人类的尺度来看，概率小于百万分之一就被认为不可能。

猴子写诗

为了说明他的观点，博雷尔展示了一张猴子随意敲击打字机的图片。猴子能不能碰巧写出莎士比亚的全部作品？显然，

这一事件发生的概率极低，但在数学上，如果时间不限（或猴子数量不限），这一事件肯定会发生。因此，从数学上来讲并非不可能，但实际上怎么看都不可能。所以，博雷尔定理也被大家称为“无限猴子定理”。

猴子在键盘上敲出莎士比亚作品这一概念着实耐人寻味，从此它出现在了流行文化中，以时而幽默打趣时而认真严谨的态度被提及。而就在2003年，科学家拿到了资助，真正与猴子一起开始了这项研究。来自德文郡佩恩顿动物园的6只西里伯斯黑冠猕猴参与了这一实验。无拘无束的猴子面前摆着计算机键盘，可它们对成为大文豪无动于衷，大多用石头砸了键盘或者在上面撒尿。实验告终，科学家们收获了5页“杰作”，上面是一堆字母“s”——显然，猴子们表达了抗议。

2011年，计算机程序员杰西·安德森决定谨慎行事——他用计算机程序编出了100万只虚拟猴子。然后，这支电子猴子大军每天会随机运作出1 800亿个字符组。令人惊讶的是，只用了短短45天的时间，它们就完成了交付。但这其实有点作弊，因为这个程序是根据正确的顺序，以9个正确的字符为一组不断识别和捕捉，以此拼凑出完整作品的。

数学家可以说实际生活中不可能发生像“猴子写莎士比亚”这样的事件，但是实际上的不可能发生，不代表永远不会发生……

能量始终守恒吗？

用代数定义宇宙

1918 年

相关数学家：

艾米 · 诺特

结论：

最前沿的代数理论填补了爱因斯坦研究的一大空白。

100多年前，一位数学家提出的定理塑造了现代物理学的面貌。时至今日，这一开创性定理依旧在物质和能量方面引导人们不断产生新的见解。该定理的提出者是德国数学家艾米·诺特（1882—1935），爱因斯坦称赞她为"富有创造性的数学天才"。尽管如此，在学术圈之外她的名字几乎无人知晓。

艾米·诺特的默默无名在一定程度上是因为她的性别。当时，数学学界对女性的偏见根深蒂固，诺特的发展道路也因此障碍重重。尽管她在哥廷根大学的研究有不少出色的成果，但学校不允许女性站上讲席，因此4年来她只能担任"大卫·希尔伯特的助教"。此外，她的研究成果处于数学的最前沿，非专业人士确实很难理解。

相对的问题

1915年，爱因斯坦公开发表了他的广义相对论。这一理论极为复杂、令人费解。但是仅仅几年后，诺特定理就发表了，不仅填补了爱因斯坦理论中的一个重要漏洞，还为物理的守恒定律提供了深刻的新思路。

牛顿的运动定律表明动量守恒是最基本的守恒定律，牛顿摆中球体运动的传递证明了这一点。角动量守恒定律也是如此——滑冰者在旋转过程中，抱紧双臂就会加快旋转速度。

同时，能量守恒定律也在19世纪被公认为自然界最深层的定律之一。这一定律指任何系统中的总能量始终保持不变。能量会从一种形式转换为另一种形式，但是总量永远不会改变。这一观点就好比万丈高楼的地基，没有任何物理理论能够忽略它。

然而，爱因斯坦理论实际上也正是这样。他的理论中包含了一个能量守恒的方程，但杰出的德国数学家大卫·希尔伯特和菲利克斯·克莱因详细研究了这个方程之后认为，这个方程尽管是对的，但似乎不比“$x-x=0$”更有意义。这并不是说爱因斯坦的理论有误，而是说数学表达无法展现能量守恒的全貌。

他们意识到需要一位专门研究不变量的数学家从旁相助。不变量指那些不会改变的事物，例如守恒的能量。于是，他们拜访了哥廷根的同事艾米·诺特。

无论以哪种方式看待它

诺特对物理学并不感兴趣，因此她将能量守恒视为纯粹的数学问题。她采取了最新的数学变换法以及对称性来解决这个问题。变换法就是将对象放大、旋转和平移（在不改变的情况下移动），并观察会发生什么。早在一个世纪前，伽罗瓦就提出了使用对称性（类似的代数项组）求解复杂代数方程的想法（参阅第104页）。诺特的想法像解代数方程一样，用对称性来探索守恒定律。

诺特很快就提出了两个定理。正如希尔伯特和克莱因所怀疑的那样，诺特第二定理表明广义相对论确实是一个特例。在广义相对论中，能量可能不是局部守恒的，但在整个宇宙中却是守恒的。不过，她的第一定理才是开创性所在。

诺特第一定理表明，所有守恒定律都是大局的一部分，其中包含了能量、动量、角动量，以及其他一切。它们通过对称性连接，因此，每个守恒定律都具有相关的对称性，反之亦然。诺特定理通过方程，找到每个守恒定律对应的对称性。能量守恒是时间上的平移对称性。动量守恒是空间中的平移对称性。换句话说，之所以会出现这些守恒，是因为无论你朝哪个方向走，无论时间是否倒退，事物都是一样的。基本的物理方程在空间或时间上都不会改变。

对称的力量

1918年7月23日，诺特发表了论文《不变变量问题》(*Invariant Variational Problems*)。试想一下：如果你在桌面上打一个台球，它会沿直线滚动，因为桌子是平的（不变的）；但如果桌子是曲面的，台球的滚动方式自然也不同。

自诺特的突破性研究发表以来，诺特第一定理的影响只增不减。20世纪70年代，物理学家将所有已知粒子都放入了我们所知的“标准模型”这一框架中。该模型就是遵循诺特定理并基于对称性构建的。对称性预言了希格斯玻色子的存在，这一事实在2012年最终得到证实。

值得注意的是，物理学家们现在对于诺特关于守恒定律和对称性的定理敬佩不已，但数学家更肯定诺特对于抽象代数的发展。抽象代数是专注于代数结构的纯理论研究。毫无疑问，诺特是20世纪最伟大的数学家之一。

1918 年

相关数学家：

斯里尼瓦瑟·拉马努金

结论：

自学成才的数学家拥有过人的天分，在数论方面取得了飞跃性的进步。

的士数趣味知多少？

1729和数论

1916年的某一天，著名的剑桥大学数学教授戈弗雷·哈罗德·哈代来到了疗养院，看望他住院的年轻门生——自学成才的印度数学奇才斯里尼瓦瑟·拉马努金。“我来时搭的出租车车牌号是1729，”哈代回想起来说，“这个数字在我看来可没劲了。”拉马努金一听，立刻回道：“不，这个数字非常有意思。在所有能以两种不同的方式写成两个立方数之和的数字中，它是最小的那个。”他说得没错：

$$1729 = 1^3 + 12^3 = 9^3 + 10^3$$

拉马努金并不是第一个发现这类数字的人。法国数学家伯纳德·德·贝西早在1657年就发现了这类数字。因此有人猜测，哈代这么说是想让他的朋友从病痛中打起精神。因为他知道1729这个数字的魅力所在，更知道拉马努金抵挡不了这种诱惑。

打个的士

无论这则逸事真实与否，它都重新激发了人们找最小数字的兴趣。第n个的士数被定义为能以n种不同的方法表示成两个正立方数之和的最小数。自那以后，数学家一直在寻找其他的士数。哈代本人和他的同事爱德华·赖特进一步证明，对于所有的正整数n而言，这样的数都存在。他们的证明为通过计算机程序查找的士数奠定了基础。理论上有无限多个的士数，但它们

难以捉摸。因为尽管计算机可以找到若干个这样的数字，但却无法找到最小的那个——真正的的士数。因此，在一个多世纪的搜寻中，人们也仅找到了前6个：

的士数①：2

的士数②：1729（1657年，德·贝西）

的士数③：87 539 319（1957年，约翰·利奇）

的士数④：6 963 472 309 248（1989年，E. 罗森斯蒂尔、达迪斯和C. R. 罗森斯蒂尔）

的士数⑤：48 988 659 276 962 496（1994年，达迪斯）

的士数⑥：24 153 319 581 254 312 065 344（2008年，霍勒巴赫）

因此，这场数字搜索还在继续：能够以7种不同的方式表示成两个立方数之和的的士数……

“士的数”妙用

一些数学家走得更远，开始寻找其他可以用立方数之和表示的数字。的士数是两个正立方数之和，在“士的数”（cabtaxi numbers）中，立方数之和可以包括负数。例如：

$91 = 6^3-5^3 = 3^3 + 4^3$

这样的数字似乎神秘难寻，不过它们并非毫无实用价值。实际上，正因为它们找起来难上加难，程序员们才痴迷于将它们用作加密手段。比如，银行账户的密码可能就是两个立方数之和，黑客想要破解，就要想方设法将密码分解为立方数，这几乎可以说是无解的。因此，我们可能得感谢拉马努金和哈代，让我们银行账户的安全性更上一层楼。

印度来信

实际上，的士数只是拉马努金和哈代共同研究中的一方

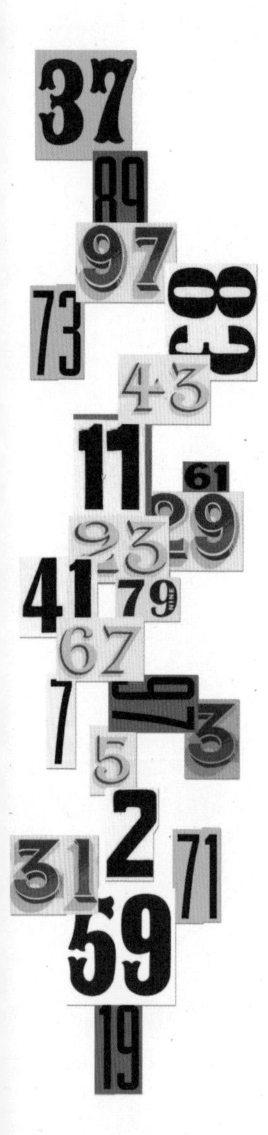

面。他们之间的合作关系始于1913年1月的某一天。当时，哈代收到了一封特别来信，寄信人是拉马努金——来自马德拉斯港务局办公室的一名贫穷的书记员。拉马努金向这位数学教授虚心请教，希望哈代能对他一直研究的一些数学计算问题给予一些指点。

哈代起初抱着怀疑的态度，可当他仔细阅读拉马努金的笔记时，却发现了一大堆关于无穷级数、积分和质数的复杂公式。在笔记的某处，拉马努金写道，他发现了一个关于x的函数，该函数等于所有小于x的质数之和。如果拉马努金是正确的，那将是20世纪最重大的数学发现之一。但是，由于拉马努金完全自学成才，研究全是闭门造车，哈代无法确定这人到底是天才还是骗子。经过深思熟虑并与同事交换了意见，他判定拉马努金是天才，随后便回信给拉马努金，邀请他来剑桥学习。

尽管上述关于x的函数的证明后来被证实存在缺陷，但拉马努金确实是一个天才。在接下来的5年中，两位数学家紧密合作，在质数研究方面取得了出色的成绩。在哈代的指导下，拉马努金在剑桥发表的所有成果都采用了传统而有力的证明方式，但是他个人研究笔记的风格却大不相同。自学成才意味着他对严谨的证明没有概念，对他来说答案才是关键。

万能奇才

举个例子，拉马努金创造了他自称的“万能公式”。证明的过程虽然是不同方法“一锅炖”，但是他使用这个公式得出的所有结果都被证明是正确的。拉马努金还在整数分拆（把数字写为较小的整数之和）方面有所建树，并提出了关于x^{n-1}的猜想，这一猜想关系到半个世纪之后代数几何学的重大突破。虽然人们是因为的士数永远记住了他，但的士数不过是他充满创造性的数学头脑中最没有独创性的一角罢了。

取胜的最佳方法？

1928 年

相关数学家：

约翰·冯·诺依曼

结论：

博弈论是一种将自我利益放在首位的数学指导思想。

博弈论与数学策略

博弈论是一种研究策略游戏中相互作用的数学方法，在游戏中两个或多个玩家都试图取胜。这一理论的创始人是约翰·冯·诺依曼，一位杰出的美籍匈牙利数学家。很多人后来认定库布里克执导的电影《奇爱博士》中，那位疯狂的核武器科学家的原型就是冯·诺依曼。

1928年，冯·诺依曼在欧洲发表了一篇名为《室内游戏的理论》（*The Theory of Parlour Games*）的论文，首次探讨了这个想法。他的灵感来自纸牌游戏以及童年时期的那些对弈类策略游戏。他认为，扑克不仅仅是一项碰运气的游戏，还是一种靠策略取胜的游戏，而策略就在于虚张声势。他想知道，虚张声势的最佳策略是否可以通过数学的方法确定下来？

牌局和战场的共通策略

冯·诺依曼并不是第一个探索这一想法的人。20世纪20年代初，法国人埃米尔·博雷尔就此问题发表过几篇论文，探讨的是当你在牌局中对竞争对手持有的牌所知有限时，数学是

否可以找到一种赢牌的策略。博雷尔猜测这样的策略可能同样适用于经济和军事。早在博雷尔之前，其他思想家就试图通过数学来设计制胜法则。

不过，冯·诺依曼是从数学上将博弈论确立为完整理论的第一人。他的想法在一定程度上受到了第二次世界大战中太平洋地区美军战略部署的启发。1943年，冯·诺依曼参与了曼哈顿计划，开始研发原子弹。他创建了概率模型，使携带炸弹的飞机被击落的概率降低，还用数学分析了如何选择轰炸目标能够产生最大冲击力。在研究炸弹时，冯·诺依曼与同样移居美国的奥斯卡·摩根斯特恩合作撰写了《博弈论与经济行为》，正是这本书为博弈论奠定了基础。该书撰写于1944年，但直到1946年才出版。作为一本高水平的数学著作，这本书一经出版便引起轰动，登上了报纸的头版。

该书尽管源于战时策略，但重点在于如何通过对弈游戏来诠释经济行为。为了像研究扑克牌局一样研究经济学，冯·诺依曼借鉴了“理性选择理论”，将人类视为“个体理性效用的最大化者”，也就是说，作为个体的集合，每个人都是通过逻辑来实现“效用”最大化或者说个人利益最大化的。在每个人都想胜出的前提下，该理论旨在以数学方式预测人类的行为。

博弈论将参与互动的人们视为“参与者”或“行为人”，每个人都想要取胜或找到回报最大化的策略。冯·诺依曼断言：“现实生活就是虚张声势里加一点儿骗人的小手段，再加上一点儿别人认为我想做什么的自问自答。”在他看来，玩游戏的最佳方式不是以赢为目的，而是要把损失降到最低。这是一种名为“极小化极大”（minimax）的策略，即找出至少有多少可能性会造成最大损失。

认不认罪？

“囚徒困境”是这一策略中最经典的案例。假设你和同伙因犯罪被警察逮捕了，并被关在单独的牢房中。如果你们通过保持沉默来保护对方（在博弈论中称为“合作”），那么警方掌握的有限证据只够判处你们5年监禁；如果你的同伙认罪（称为“背叛”），他将被释放，你将被判处20年监禁；如果你俩同时认罪，你们都将获刑10年。

博弈论假设你希望为自己争取到最佳结果。针对每种策略可能导致的结果，你可以分配数字并对其进行数学分析。答案是你应该认罪。这样你们两人都将获刑10年，但是总比冒着同伙认罪而自己被判20年监禁的风险来得好。这就是最坏情况下的最佳结果，即极小化极大值。

这似乎是种一目了然的战略设计方法。美国军方完全采纳了这种方法，它因此成了核军备竞赛的基础——指挥官们假设苏联军方也打着同样的主意，因此竞相建立核武器库。冯·诺依曼本人主张对莫斯科先发制人，以核制核。好在两边最终各退一步，世界松了口气。

后来，博弈论在经济学甚至进化论中都发挥了关键作用。尽管其中的数学非常简单，而且在许多情况下该理论会带来新的启发，但它关于人类和动物行为的模型还远谈不上完美，仍然存在争议。

1931年

相关数学家：

库尔特·哥德尔

结论：

古希腊时代的悖论挑战了数学的客观真理。

是否完备？

挑战数学的核心

一就是一，二加二就是四。这是不证自明的事实，不是吗？确实，大多数人长期以来都这样认为。虽然其他概念最终可能见仁见智，但数学始终被认为是纯粹的真理。如果你可以证明某个数学理论，那意味着你找到了真理。

数学的整体逻辑结构

然而，大约在一个世纪前，在集合论的新发展的推动下，一些数学家和哲学家希望为数学搭建更坚实的基础。当时，集合论已开始根据集合来构建数学。就像2 300年前那样，欧几里得设置了一些基本的出发点或者“公理”来构建几何学大厦，因此一些数学家希望整个数学领域都做到这样。这一研究始于1910年至1913年，当时的创始人是伯特兰·罗素和阿尔弗雷德·怀特海，他们发表了巨著《数学原理》(*Principia Mathematica*)，这一书名致敬了牛顿1687年伟大著作《自然哲学的数学原理》。他们的目的是研究数学的整个内部逻辑结构，并最终将其简化为可以在此逻辑上构建一切的基本原理。

这是一项艰巨的任务。在三卷巨著的一卷中，罗素和怀特海用了很大篇幅才将这个部分确定下来，但是总体上这一进步已经足够重大。伟大的德国数学家大卫·希尔伯特已经能够借此计划搭建一套完备的公理，所有的数学都可以由此建立起来。这套公理系统将兼具一致性和完备性。因此，由其中的公理得到的所有证明肯定也都是正确的。如果系统在逻辑上是一致的，则不可能产生两个矛盾的答案；如果系统是完备的，则每个命题都可证。

20世纪30年代早期，希尔伯特的研究基本完成了，只需要填补几个小空白——他将这些空白确定为23个问题。这时，年轻的奥地利数学家库尔特·哥德尔却对此进行了关键且最终具有毁灭性的干预。1931年，哥德尔发表了《论〈数学原理〉及有关系统的形式不可判定命题》（*On Formally Undecidable Propositions in Principia Mathematica and Kelsey Systems*）一文，文中他提出了两个“不完备性”定理。

说谎者悖论

哥德尔研究了“说谎者悖论”的新版本。如果某人说自己正在说谎，你是否能相信他？这就是说谎者悖论。这个悖论源自克里特哲学家埃庇米尼得斯的一句话：“所有克里特人都在说谎。”那么他说的是真话吗？这并不是完全的说谎者悖论，因为他可能只是在说谎，并且至少认识一个说真话的克里特人。所以，一些逻辑学家把这句话归结为“这个命题是假的”。如果这个命题确实是假的，那么该命题就是真的，这就构成了矛盾，反之亦然。

哥德尔探究了这个命题，或者说他研究的是“这个命题不可证”这一命题在数学中的应用。数学中的证明本质上是一个数的集合等于另一个，其中数字只是符号。因此，哥德尔本可以将“此定理不可证”这个命题在算术上或作为一种算术程序，或作为一系列质数立方的一种算法。

他的方法是将这句话转换为算术命题，实际上就是“此定理不可证”。那么问题马上出现了。这个命题要么有证明，要么没有。如果有，则该定理自相矛盾；

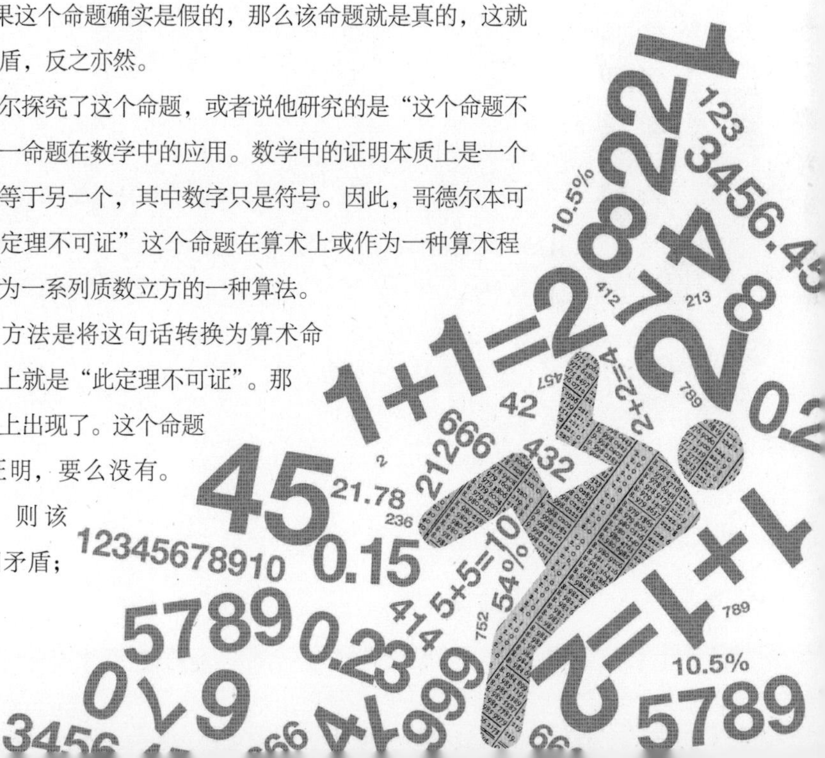

如果没有，那就违背了希尔伯特程序完备性的基本前提："每个命题都可证。"

哥德尔两个不完备性定理的另一个表明，相同的矛盾也适用于一致性。他证明了如果算术是一致的，那它的一致性就不可证。如果有人找到了算术一致性的证明，那就证明它不一致。

哥德尔的一记重锤

因此，哥德尔仅凭一篇论文就推翻了希尔伯特公理的核心原则——一致性和完备性。不论是对希尔伯特的公理体系而言，还是对整个数学而言，这都是一记沉重打击。一些人寄望于这不过是一次技术失误，但其他数学家进一步的研究表明，哥德尔的论点适用于所有公理系统。

这意味着，数学不能再被视为真理的仲裁者，我们也不能再说数学证明是对真理的陈述。也就是说，一个命题可能是真的，但它可能不可证。自古希腊时代以来，数学家在2 000多年间从未意识到还有这种可能。数学逻辑从来都是简单的是或否。一个定理从来都是对或错，可证或不可证。哥德尔表明有三种形式：是、否或不确定。

从理论上来讲，数学大厦就好比一座纸牌屋。除了希尔伯特这些试图建造它的人，这座大厦建立与否实际上对其他人并没有什么影响。不过，发展中的计算机科学领域可能是个例外。在这一领域中，二进制答案和确定性至关重要。第三种可能的存在引发了一场危机，并且经过相当长一段时间才得以解决。

何谓反馈回路？

控制与通信理论

1948 年

相关数学家：

诺伯特 · 维纳

结论：

维纳在控制系统方面的研究，启发了他将反馈这一想法数学形式化。

第二次世界大战期间，美国数学家诺伯特 · 维纳对控制系统这一想法产生兴趣。他当时正在研究高射炮，想找到一种方法让高射炮自动瞄准并击落敌机。随着研究的展开，他开始思考控制系统的设计，以及系统如何依靠反馈运行。

反馈并不是一个新概念。所有生物都依靠反馈调节自身以适应周围的环境。和其他生物一样，人类也要依靠感官持续提供数据，才能指导自身完成最简单的任务。自动响应变化的机器和文明一样由来已久——就好比贮水池，水太满的话就会自动溢出。

1948年，维纳出版了《控制论：或关于在动物和机器中控制和通信的科学》（*Cybernetics: Or Control and Communication in the Animal and the Machine*）一书，成为第二次世界大战后详细分析自然界和机器反馈机制的第一人。在研究高射炮的过程中，他已经多次发现反馈的失灵。例如，数据反馈一旦延迟，高射炮就无法正常运作。它会先射击目标的一边，然后再射击另一边以试图稳定。

循环信息

维纳想知道，这些反馈失灵与人脑中的反馈失灵是否有相似之处。他当然已经知道身体有反射循环。比如，神经系统会使大脑“短路”，如果你摸到了一个灼热的物体，大脑就会让你的手马上离开那个物体。但是他想知道更具体的信息。于是，他向神经科医生咨询了一种情况：如果作为大脑的控制中心的小脑受损了，病人会怎样？结果是，当病人试图伸手去拿某物时，他的手会先伸过头而后又够不到。这种障碍被称为意向性震颤。大脑从手上得到的反馈不够及时，就无法控制手的位置，手就开始来回摆动。战后，随着研究的继续，维纳开始意识到反馈的循环性。在作用与反应、引发与响应、原因与结果之间，存在着一种持续循环的相互作用。有了反馈，任何变化都会刺激反应的产生，这种反应会反馈到刺激物上，他称之为反馈回路。

正负回路

维纳意识到，正反馈回路与负反馈回路之间存在很大差异。正反馈回路中，反馈将信号放大。比如，你可能去看过现场演出，当话筒接收到扬声器的声音并将其放大时，会出现和尖叫一样刺耳的声音。尽管我们一般将其称为“正反馈”，但它恰恰与控制相反。一旦事态开始不断升级，就可能形成恶性循环：世界气候变暖融化了永久冻土，冻土融化释放出甲烷，甲烷使气候变暖加剧。

通常情况下，负反馈回路意味着系统受到控制。此时系统是稳定的，因为一旦输出达到一定强度，响应就会切断输出。例如，每当中央供暖温度过高，恒温器就会自动将其关闭，这就是传感器对温度升高的响应。

麦克斯韦的调速器

负反馈装置历史悠久，但直到1868年，詹姆斯·克拉克·麦克斯韦发表了开创性的论文《论调速器》(*On Governors*)之后，才出现这方面的数学研究。1788年，詹姆斯·瓦特为了控制蒸汽机的速度，发明了一种简单巧妙的调节装置。当发动机加速时，调速器的转轴也运动得更快，带动连接在上面的金属球运动，离心力使金属球位置升高，从而拉动杆子关闭了发动机的节气门。因此，发动机减速，金属球下降，节气门再次打开。

麦克斯韦对控制循环的兴趣源自19世纪20年代法国人萨迪·卡诺开发的热机，这种热机可以实现热量和能量循环。麦克斯韦的论文将控制回路的概念引入了主流科学领域。《控制论》的书名“Cybernetics”就是“调速器”（governor）一词的希腊语，维纳以此承认自己受到了麦克斯韦的启发。

控制论的未来

不过，维纳的论著将使用反馈的控制机制理论向前推进了一步。他定义了“黑箱”（输入和输出都已知，但内部处理过程未知的系统）和“白箱”（内部运作方式已被预定义的简单系统）这两个概念。

维纳的书激发了人们对控制机制和反馈回路的极大兴趣，“控制论”一词也已成为公众意识的一部分。虽然机器的自动控制早就出现了，但维纳书中的研究先于反馈控制机制的大规模发展。该机制的发展，在一定程度上与计算机的兴起有关。

维纳本人设想了一个充满自动控制系统的世界。不过，他构想的场景完全谈不上舒适。在他的想象中，由反馈系统控制的机器几乎不需要人工干预就能运作，因此大量工人被解雇，劳动力失去用武之地。同样，他的观点在机器人技术中也发挥了作用，反馈回路提供了相关的干预和响应机制。

从智能厨房到自动驾驶汽车，反馈控制系统已经完全融入了我们的日常生活。但是，维纳对这些发展的态度并不乐观。

1948 年

相关数学家：

克劳德 · 香农

结论：

香农通过二进制数学解决了白噪声问题。

传输信息的最佳方式？

二进制数字和数字信号

任何信号在经过远距离传输后都不免出问题。有一则逸闻，讲的是第一次世界大战期间，一位指挥官发了一条指令，内容是“请派增援；做好前进准备”。结果在一层层传输之后，收信方最终得到的指令是“请多寄钱；一会儿要去舞会”。换言之，信号在长距离传输时会丢失或失真。

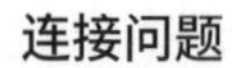

连接问题

20世纪40年代，电话网络不断扩大。跨洋电话听上去不足为奇。毕竟，横跨大西洋的电报系统已经存在了将近一个世纪。但是在连接建立之后，人们才发现，跨洋发送了信息，对方却无法读取。

电话工程师着手寻找解决该问题的技术方案。问题出在跨过大西洋发送的信号会越来越弱，那为什么不在传输的途中将信号放大几倍呢？可问题又来了，信号在传输中会接收错误：随机的背景噪声或者“白噪声”。信号放大的同时，白噪声也增强了，结果就是白噪声以压倒性的优势盖过原本传输的信号，信息就这样丢失了。

这是自然的基本性质，似乎成了一个无法克服的障碍。但是在美国贝尔实验室工作的数学家和电子工程师克劳德 · 香农产生了其他的想法。他意识到，技术修复解决不了这个问题，得换一个角度来看待信息。1948年，他发表了一篇题为《通信的数学理论》的论文。

文中，香农首先定义了什么是信息。用他的话来说，信息大体上是不同的东西。“背景噪声”具有随机性，实际上没有任何特征；“新闻”就是字面意思，指的是未知的新信息。信息是意想不到的。它不同寻常，因此区别于白噪声。

这一点不仅适用于电话信息，而且适用于所有信息。从生物得以维生的信息到水滴得以成形的信息，这一观点让我们能够全方位洞察世界运行方式。

信息熵

19世纪，路德维希·玻耳兹曼等物理学家试图确定宇宙中有序和无序的热力学性质。热力学第二定律中，他们专注于研究熵的概念——最大无序性，这是所有事物的终极趋向。

香农表明，信息是有序的。白噪声中信息的丢失，相当于无序状态或者熵。随后，他发明了一个公式来证明信息降级的可能性。香农公式目前已成为信息论的关键。

在此20年前，电子工程师拉尔夫·哈特利提出了将信息视为可测量的数学量的观点。而香农意识到，我们可以通过一种非常简单的方式来衡量信息的意外性，并借此破解无噪声传输的秘密。答案就是二进制数学。

0和1

仅用0和1表示数字是二进制数学的基本观点。这一计数系统至少可以追溯到古埃及时期。莱布尼茨在1679年重新发现了二进制，然后二进制由乔治·布尔在19世纪中叶发展成一套完整的逻辑系统，也就是我们现在所说的“布尔代数”。

香农意识到，二进制可以用来定义信息的最基本单位，即信息的“原子”。最终，每条信息都可以分解为“是”或“否”（yes/no）、“此”或“彼”（either/or）、“停止”或“启动”（stop/go）、“开”或“关”（on/off）。在二进制数学中，这种单元就是0或1。香农发现，每一点信息都可以通过0和1组成的基本数据块被编码成字符串。他称其为二进制数字（binary digit），即“比特”（bit）。这一叫法一直沿用至今。

将语音产生的振动转换成电流，电流中的电压不断变化以模拟振动的频率，电话信息就得以传递。我们现在把这种不断变化的信号称为模拟信号，模拟信号很容易受到白噪声的影响。

香农提出，所有种类的语音都可以简化为一串二进制数字，这就是数字编码。语音在空气中产生的振动由编码器简单地转换成0和1表示的电信号：0代表低压，1代表高压。在抵达收信终点的时候，这些高压、低压的代码就可以用来还原语音。

尽管如此，编码信号也免不了遭受白噪声的干扰。但是0和1之间的差异非常明显，更易于信息接收者编辑掉噪声并重建原始信息。不仅如此，人们可以在传输途中清除信号，使用电子设备去除背景噪声，只发送数字信息。

该系统非常实用，因此绝大多数电话信息都是靠数字传输的。香农不仅解决了一个技术问题，更重要的是，他对信息的本质有了根本性的发现。他证明了所有信息都可以用二进制数字表示，这一有力见解开创了信息理论，其影响延伸到了科学的各个领域。最引人注目的是，香农的论文开辟了通往数字技术的道路，而数字技术正是所有计算机和通信技术的基础。

该不该改变策略？

1949 年

相关数学家：

约翰 · 纳什

结论：

通过“无悔”决策，完善博弈论。

无悔博弈论

20世纪40年代后期，世界正挣扎着从第二次世界大战的恐怖中复苏。此时，美国数学家们开始研究关于人类行为的模型。该模型将相互作用视为一种策略游戏，每个参与者都在为自己争取最佳结果。这一思想被称为博弈论。人们期望从这个角度入手，在理论上通过数学预测人的行为理论。

最早提出这一理论的是匈牙利裔数学家约翰·冯·诺依曼和奥斯卡·摩根斯特恩。冯·诺依曼认为，玩游戏的重点不在于赢，而在于如何将损失降到最小（参阅第137页）。因此，最佳策略是在最糟糕情况里选一个最乐观的，我们称之为“极小化极大”策略。但是，只有在你对竞争对手一无所知的情况下，这种策略才有实际意义。本质上，这个策略告诉我们，在什么也不知道的时候谨慎行事总没错。

改变游戏规则

但是在大多数情况下，人们并不是一无所知。如果说“极小化极大”是博弈论的唯一策略，那它的适用场景就相当有限了。不过，这一策略提出之后仅过了几年，1949年，才华横溢的数学家约翰·纳什就用简短的两页论文补上了另一个关键思想。纳什的观点正如字面所说，改变了游戏规则。

纳什的观点有时被称为“无悔”理论，因为它的目标是“对你的选择无悔”。它的关注点在于，每个参与者对其他参与者如何进行游戏都有一个公平的想法，并且改变策略不会获得任何好处。他们因此陷入了对峙的局面，没有人比其他人得失更多，这就是我们现在说的纳什均衡（Nash equilibrium）。

这个概念诞生于19世纪30年代。当时，安东尼·库尔诺试图确定生产厂家如何在竞争中决定最终的产量，以实现利润最大化。如果每家公司都提高产量，价格就会下跌，利润就会下降。因此，库尔诺总结道，这些公司会预估竞争对手的产量，并据此来调整自己的产量。他们在产量上达到了某种均衡。

性别之战

纳什进一步发展了这一理念，使其适用场景更加广泛。“性别之战”就是一个例子。事情是这样的，有一对相处融洽的小情侣鲍勃和爱丽丝。有一天，他们想一起看电影。这时候分歧出现了：爱丽丝想看动作片，鲍勃却想看喜剧片。他们该怎么办呢？如果他们各行其是，就不会像博弈理论家所说的那样，得到满足或实现“效用”。但如果他们一起看动作片或一起看喜剧片，两者都得到一些效用，并且其中一人会获得真正的享受。在这个例子中，鲍勃和爱丽丝的选择所带来的效用平衡就是纳什均衡。

另一个著名的例子是“囚徒困境”。参与者是两名犯罪嫌疑人，他们被捕后被安置在两间单独的牢房中（参阅第139页）。如果这两个人都保持沉默来保护对方，那么警方掌握的有限证据只能判处两名犯罪嫌疑人5年监禁；但如果其中一人认罪，那认罪者将被释放，他的同伙将被判处20年监禁；如果两人同时认罪，他们都将获刑10年。

诺依曼的极小化极大值策略仅从问题的一个角度分析，得出的结论是，考虑到要尽可能降低最坏的情况造成的损害，你就应该认罪。纳什则从两方面看待这个问题。他让两个犯罪嫌疑人去猜测同伙的行为，他们甚至可以事先讨论该怎么做。这样得到的结果与极小化极大值策略分析的相同：两名犯罪嫌疑人都应该认罪。不过，纳什的推理过程是不同的。之所以会出现这种结果，是因为他们都不会从改变策略和保持沉默中受益。这是效用的平衡，即纳什均衡。

最重要的是，不论他们随后发现自己的同伙做了什么，他们俩都不会对自己所做的选择感到后悔。如果其中一个人选择保持沉默，结果发现另一个人认了罪，那沉默者就会被判处20年监禁，并且会对自己没有认罪感到追悔莫及。

战争游戏

纳什均衡的概念使博弈论在经济学、心理学、进化生物学，以及其他许多学科领域都得到广泛采用。它似乎为战略行动提供了一种可计算的理解途径，这使它很快就受到了经济学家和军方的青睐。时至今日，几乎所有的诺贝尔经济学奖得主都将其纳入自己的研究中。它在美国军事战略中发挥了重要作用，推动了20世纪50、60年代的核军备竞赛。

但是有些人想搞明白，参与者在不知道其他人行为的前提下，如何能在一开始就达到均衡。最近，数学家们已经证明，除非参与者将自己的偏好告诉对方，否则很难达到纳什均衡。如果参与者为数众多，得到平衡的结果所要耗费的时间几乎是无限的。

此外，在囚徒困境的场景中，科学实验表明几乎没人采取纳什的策略，而是展现出比博弈论假设场景中更多的忠诚和团结。现在，经济学家普遍认为，人的行为并不像博弈论所预测的那样。甚至在提出观点时已罹患精神分裂症的纳什自己也曾怀疑过自己的研究。当于1994年获得诺贝尔奖时，他说道：“我渐渐开始理智地拒绝一些受妄想影响的思路，这些思路曾是我的研究取向中特有的。”

尽管如此，许多经济学家仍然认为纳什在1949年发表的论文是20世纪最重大的一项突破。

7. 现代计算机时代：1950 年至今

第一台计算机被发明时，它背后的数学已经发展了相当长的时间。但计算机一经问世，算力就像坐火箭一样迅速提升。计算机为数学家提供了无限动力。它们不仅可以在转瞬间进行复杂的计算或模拟，互联网等发明更让数学协作摆脱了远程限制，而且比以前迅速得多。

只需轻轻一按，机器就能自己运算。理论数学因此变得更加抽象化和概念化就不足为奇了。安德鲁·怀尔斯在破解费马大定理时对椭圆曲线的研究、玛丽亚姆·米尔扎哈尼对拓扑学的贡献，都与我们日常生活中的数学越来越远。尽管如此，他们还是为我们提供了一些数学中最令人惊叹的绝妙成果。

1950 年

相关数学家：

艾伦·图灵

结论：

图灵解决了一个数理逻辑问题，现代计算机的发展因此迈出了关键的一步。

机器能解决所有问题吗？

判定问题的解决方案

1936年，在普林斯顿大学攻读博士学位期间，年轻的英国数学家艾伦·图灵发表了一篇名为《论可计算数及其在判定问题中的应用》的论文。这篇论文篇幅不长，只有36页，通篇都是深奥的数理逻辑。但就是这么一篇短论文成了一个历史转折点，标志着现代计算机时代的开始。

1928年，大卫·希尔伯特和威廉·阿克曼提出了“判定问题”。他们抛出了一个挑战：找到一种通用算法，用来判断任意给定命题是否可以通过逻辑规则从基本公理中得到证明。图灵的答案完全可以称得上天才。不过，他并无意发明计算机，而是在研究数学。然而，他在数学上的真知灼见却使计算机的诞生成为可能。

人力计算

为了解决判定问题，图灵回到了最基本的问题上：数学家到底是怎么解题的？解题过程是怎样的？在图灵的时代，“computer”（计算机）一词指的并不是机器，而是那些受雇用的计算者，从算税务账单到算天文年表，都有这些人的身影。但他们到底做的是什么呢？当图灵寻根究底时，他意识到除了一套规则，他不需要其他东西。人类的头脑在智力和思考能力上不同凡响。但涉及计算时，你所需要的只是一套指令，它可以被简化成一个不需要思考的机械过程。

实际上，计算只有两个方面：输入数据和下发指令。因此，如果这个过程如此机械，那么能用机器计算吗？图灵认为答案是肯定的。不过你要用正确的形式向机器提供数据和指令。

机器语言

与此同时，图灵意识到，机器无法“理解”任何东西，只能对指令做出反应。这些指令必须采用最简单的形式——停止或启动、打开或关闭。不过，使用二进制逻辑中的0和1，你就能通过创建代码告诉机器几乎任何东西。

据此，图灵假设出一台数学机器。控制这台机器的指令写在一条无限长的纸带上，纸带上一个个小方格里都是0和1组成的指令。当纸带滚动通过时，机器读取上面的指令代码并做出相应反应。纸带可以在机器中来回滚动，在任意时间读取任意一个符号或者方格，机器都会做出相应反应。这台机器可能还可以忽略某个符号，在方格内写入，以特定的方式移动纸带或切换一个新的状态。通过这种方式，机器可以一步步地得到详细的指令，获得解题所需的算法。这就是我们现在说的程序。

图灵的事业

在设计这台假想机器时，图灵对真正的机械计算机一无所知。他假设这样一台机器只是为了解决判定问题。归根结底，他的思路是至少在原则上是否能找到一个确定的方法或者程序，用来判定所有的数学问题。

图灵推断，如果理论上可以创造一套机械程序实现这一点，那么问题就迎刃而解了。图灵的概念的妙处在于，想要机器做一些新的事情，你只需要给出新的指令，在纸带上加一部分，或者直接换用新的纸带。当然，理论上只要指令能创造出来，就一切皆有可能。这就是图灵的概念机器被称为“通用图灵机”的原因。

正如图灵那篇引人注目的论文开篇所言：

> 尽管这篇论文的主题表面上（只）是可计算数，但定义并研究变量为整数、实数或可计算变量的可计算函数，还有可计算谓词等也几乎同样简单。

换言之，给它一道数学问题，它就能解决一道。

解决一切

显而易见，复杂的任务需要很长的指令和复杂的编程。但是这个概念的天才之处在于，只要有正确的程序，机器就能完成你给它的任何任务。这是对于信息本质的深刻理解，表明信息本身就足以主导世界。同时，它也引发了计算机革命。音乐播放器、电话、电子键盘、飞行控制系统，以及所有你能想到的电子设备，基本上都是相同的运算机器，只不过遵循的指令不同，输出的内容也不同。在本质上，软件、应用和程序不过就是图灵想象的纸带上那一长串的0和1。

根据论文中的设想，图灵帮助建造了第一台真正的机械计算机，人们试图用它来破解在德国军事通信中用来加密的恩尼格玛密码（Enigma Code）。这种密码以无法破译著称，但在1941年，图灵的计算机帮助破译了该密码，英国人借此获取了无数机密信息。有人认为这为反法西斯同盟国创造了优势，使战争能够提前两年结束，从而挽救了数百万人的性命。不过，真正改变世界的是那台理论上的图灵机。

蝴蝶如何引发龙卷风？

不可预测的数学

1972年，气象学家爱德华·洛伦兹在美国科学促进会第139次会议上，发表了一场题为“一只蝴蝶在巴西扇动翅膀，会在得克萨斯引发龙卷风吗？”的演讲。这个题目是会议主持人菲利普·梅里莱斯取的。他总结了洛伦兹论文中的观点，抛出了一个简单却抓人眼球的悬念：一件小事就能引起巨大变化。不过，蝴蝶效应这个概念却因此流行起来，并且有了无数个版本，它们的出场方式是洛伦兹本人都始料未及的。从某种程度上而言，这一概念的流行已经成了自身的一种隐喻：一个小小的想法引发了一场令众人沉迷的狂潮。

被误解的蝴蝶

一个小小的不同就能产生巨大的影响，这一想法确实蛊惑人心。一时间，它似乎赋予了我们每个人格外强大的力量，这种力量令人目眩神迷，甚至令人心生敬畏。斯蒂芬·金的小说《11/22/63》中，有一个名叫杰克的年轻人发现了回到过去的办法，并阻止了李·哈维·奥斯瓦尔德刺杀肯尼迪总统。他坚信自己的行为将对人类大有裨益。但是，当杰克回到现在，他发现世界一片混乱，一场核战争摧毁了大部分地区。震惊之下，杰克再次回到过去，这次他选择任由刺杀发生。

但是这种显而易见的超能力，并没有抓住洛伦兹想表达的观点。他不是说微小的影响能造成巨大的作用，就像杠杆一样，放大它们的力量。相反，洛伦兹讨论的是，一个复杂的系统中小事件产生的影响或者微不可见，或者惊天动地，但无法确定究竟会产

1963年

相关数学家：
爱德华·洛伦兹

结论：
洛伦兹指出，在一个复杂的系统中，一个细微的变化可能产生微乎其微的影响，但也可能引发轩然大波。

生哪种影响。

天气预测

20世纪60年代，洛伦兹开始在计算机上运行模型以预测天气，在此过程中他产生了这个想法。一次，他将初始条件数值从0.506127四舍五入到0.506，这看起来不过是一个巨大系统中微小的、难以察觉的变化，但是运算得出的天气结果却大相径庭。

接下来的10年间，洛伦兹逐步了完善他的理论：天气这样复杂的系统对初始条件极为敏感，再微小的差异都可能对结果产生巨大的影响，而结果的发展方向几乎是无法预测的。洛伦兹将这样一个不可预测的系统描述为“混沌”（chaotic），所以他的想法被称为“混沌理论”（chaos theory）。洛伦兹对其进行了更科学的描述：

> 由于不可能精确测量初始条件，从而区分中心轨迹和附近的非中心轨迹，从实际预测的角度来看，所有非周期轨迹实际上都是不稳定的。

这段论述平铺直叙，似乎谈不上震撼寰宇，但事实确实如这段话所说。宇宙何其复杂，但在牛顿提出运动定律之后，科学家们断定宇宙的运行至少遵循了某种确定的方式。因果之间必然有简单的联系，即使这种联系不是每次都能看出来。根据牛顿定律，一件事的发生是因为另一件事的发生。因此，最终宇宙的未来是机械地预定好的，哪怕小到原子的运动也不例外。过去的事情必然决定了未来。

试图确定宇宙

科学家和数学家相信，如果他们能找到正确的定律、方程和数据，那么就能够精确地预测一切。18世纪，皮埃尔・西蒙·拉普拉斯曾断言，不可预测性在宇宙中没有立足之地。他说，如果我们知道自然界所有的物理规律，那么“没有什么是不确定的，未来和过去一样，尽在（我们）眼前”。

即使引入了玻耳兹曼统计学方法和量子力的不确定性，这种观念也没有完全消除。可就在20世纪初，亨利·庞加莱（参阅第122页）发现自己在计算行星轨道时出了错，因为一开始的细微不同，导致了结果的千差万别。

庞加莱总结道：科学家们一直忽略了偶然性的巨大影响。他并不是在挑战确定性宇宙的观念，而是想告诉大家，哪怕差异小到可以被认为是偶然，也可以产生极为重大的影响。

洛伦兹的观点更为深入。他也没有抛弃因果关系，但认为在一些复杂的自然系统中，微小的差异所产生的影响过于无法预测，因此决定论的观点失去了意义。要追溯起点和终点之间的线性关系是不可能的，牛顿力学所设想的线性关系根本行不通。

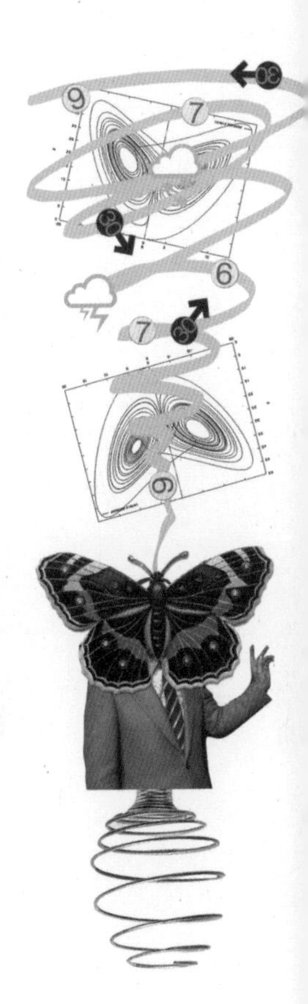

预测

因此，无论气象学家的数据或者公式有多精准正确，他们都不可能找到一种直截了当的线性关系来计算和预测未来。然而，洛伦兹试图对一组稍有不同的初始条件进行并行气象模拟，以此获得一个最有可能的近似结果。这些方法转而又发展成“集合”（ensemble）天气预报法，利用概率的组合更准确地预测未来。

混沌理论认为宇宙是一片可怕而原始的混乱，这一观点引得公众浮想联翩。但是科学家们证明了这个理论相当有用。通过寻找整体模式而非线性关系，从进化论到机器人技术，科学家对复杂系统有了更好的理解。

1974年

相关数学家：

罗杰·彭罗斯、莫里茨·科内利斯·埃舍尔

结论：

永不重复的美丽镶嵌式图案被证明可能存在。

飞镖和风筝铺就了什么？

迷人的彭罗斯瓷砖

伊斯兰建筑往往采用瓷砖装饰，那些瓷砖铺成了极为美丽又错综复杂的图案。数学家们发现这类被称为“镶嵌”（tessellation）的瓷砖图案尤为引人入胜，因为它们产生了一些有趣的数学难题。有人认为伊斯兰的瓷砖图案实际上是一种算法。

但是在过去的半个世纪里，数学家们热衷于研究如何排列镶嵌式图案、如何大范围地将图案拼接在一起。就像之前的数学家对数字模式的迷恋一样，他们开始琢磨能不能找到永不重复的规则密铺，也就是我们说的非周期性密铺。

五边形问题

周期性密铺总是重复相同的图案。浴室地面的方形瓷砖就是周期性密铺。不论延伸到多远，图案都一模一样。三角形也可以拼接在一起形成周期性密铺的图案，六边形亦然。数学家们称之为平移对称（translational symmetry）。这意味着当你平移这个密铺图案时，总是能得到一样的图案。但是正五边形一个密铺图案都组成不了。你可以试着将几个正五边形拼在一起，它们之间必有缝隙。

1619年，约翰内斯·开普勒展示了如何用五个角的星形来填补正五边形之间的空隙。20世纪50年代，才华横溢的罗杰·彭罗斯对镶嵌产生兴趣，他承认开普勒的研究给他带来了灵感。但是彭罗斯不仅仅对正五边形感兴趣，还迷上了对称破缺（symmetry breaking）和非周期性密铺。

不可能之作

荷兰艺术家莫里茨·科内利斯·埃舍尔以创作“不可能”的绘画闻名于世，他也是镶嵌的爱好者。20世纪50年代，埃舍尔用紧密连接的动物形状绘制了两幅名为《马赛克1号》和《马赛克2号》的非周期性密铺版画。但在画框之外，延续这个密铺图案的唯一方法就是创造更多的形状。

这时候，彭罗斯和埃舍尔已经认识，并且已经在通信中交流过镶嵌的话题。1962年，彭罗斯去荷兰拜访埃舍尔并送给他一幅木质小拼图。这幅拼图由完全相同的几何形状组成。令埃舍尔惊讶的是，这些拼图块只能通过一种方式拼接在一起，这与他认为的常规密铺会无限重复的观点背道而驰。

埃舍尔开始思索是不是存在永不重复的镶嵌，并最终于1971年构思出了一幅由相互交错的幽灵形状组成的图画。画中的幽灵正是以非周期性密铺的形式呈现的。

五星表现

与此同时，彭罗斯也一直在研究正五边形组成的非周期性密铺图案。他想出了三组不同的图案。第一组包含四种形状：一个正五边形、一个五角星形、一个船形（一个五角星形的3/5）和一个扁菱形；第三组只用了长菱形。不过，这两组都比不上他在1974年公布的第二组图案。这组图案最令人瞩目，让他声名赫赫。这一组图案只包含两个四边形——一个风筝和一个飞镖。

彭罗斯镶嵌中的瓷砖拼接有规则可循，使用风筝图案和飞镖图案的关键规则就是：风筝图案不能插入飞镖图案的V形部分形成一个菱形。这两个简单形状相互拼接的方式实在让人称奇。此前，人们推断构造一个非周期性密铺需要数千种形状，但是有了风筝图案和飞镖图案之后，仅需两种形状就能完成非周期性密铺。1984年，彭罗斯证明了它们能够在无限平面上无限排列，永不重复。

五重登场

此前，人们一直认为五重图案在自然界从未出现过。但是当彭罗斯发现了五边形密铺之后，科学家们也开始探寻现实中的例子，他们探寻的范围不限于平面，还包括三维空间。例如，在晶体对称的标准模型中，五重对称性原本被认为是不可能的。

1982年，化学家丹·谢赫特曼分析一种晶体时发现它确实具有五重对称结构。这个结果太过离奇反常，谢赫特曼一度被人嘲笑是他自己搞错了。连彭罗斯都十分讶异。这可是件震惊世界的大事，如果晶体真的是这样构成的，那么对晶体结构的所有理解都要加以修正。事实证明，谢赫特曼是对的，他发现了一种全新的晶体——准晶体。

自那以后，许多类似的准晶体被陆续发现。2011年，谢赫特曼获得了诺贝尔化学奖。很多人认为，彭罗斯也应该获奖，因为如果没有他的非凡发现，准晶体可能永远无法被识别出来。在赫尔辛基，有一条街上铺满了彭罗斯的风筝图案和飞镖图案，这种密铺的效果竟然出人意料地赏心悦目。

费马真的证明了吗？

1994 年

相关数学家：

安德鲁 · 怀尔斯

结论：

几个世纪都没人能解答的数学题，最终被先进的技术破解。

破解费马大定理

回溯到1637年，法国数学家皮埃尔·德·费马正在研究《算术》。这是数论的经典著作，也正是费马的拿手领域。他阅读的时候，经常会在页边空白处做笔记。

书中一页引起了费马的特别关注。这一页上，丢番图谈到了毕达哥拉斯关于直角三角形边的平方的著名方程，即$x^2 + y^2 = z^2$。最著名的形式就是勾三股四弦五：$3^2 + 4^2 = 5^2$。丢番图在书中邀请读者来解这种形式的方程。

对费马来说，这无疑是老生常谈。他在页边的笔记中探索了指数大于2的类似方程，从立方开始——$x^3 + y^3 = z^3$，费马草草写下这个没有解的方程。接着又写道：事实上，当n大于2时，就找不到满足$x^n + y^n = z^n$的整数解。这个说法令人吃惊不已，但费马还写了一句话："我发现了一个绝妙的证明方法，不过这面的页边实在太窄了，写不下。"然后就没有再写下去。

永无止境的寻宝游戏

对之后的数学家来说，这个小小的页边暗示蕴含一种令人难以置信的吸引力。有些人甚至觉得费马只是在胡编乱造，或者最多是发现了一种不完善的证明方法。费马在书页边上留下的其他想法都被逐一证实了，唯有这一个难倒了所有人，因此它成了"费马最后定理"（费马大定理）。证明（或者驳倒）这一定理仿佛数论家争夺的"圣杯"。这种追求虽然徒劳无功，但也推动了该领域许多重大进步，即使数学家们只是对这个谜题乐此不疲。

有一则极富戏剧性的故事，时至今日已经很难分辨是真

是假。故事的主角是一位富裕的德国实业家兼业余数学家保罗·沃尔夫斯基。据说他因为一个女孩受了情伤，正准备趁午夜时分在自己的脑袋上开一枪。但在此之前，他先去了图书馆，读了恩斯特·库默关于费马大定理的一篇论文。他发现了其中的一个错误，当即开始演算求解，沉迷其中难以自拔，完全忘了自杀这回事。不管真相如何，1906年，沃尔夫斯基去世时立下了遗嘱，奖励第一个证明费马大定理的人10万马克。

从小的追求

尽管这个奖励让费马大定理更具吸引力，但依旧没人能破解这个难题。1963年，一个名叫安德鲁·怀尔斯的10岁男孩出现了，他酷爱数学，从剑桥当地的图书馆借了一本书。这本书的作者是数学家埃里克·坦普尔·贝尔，他在书里讨论了这一定理，并且悲观地预言，哪怕等到人类都被核战争毁灭了，也没人能证明费马大定理。小安德鲁当即下定决心，要证明贝尔错了。

怀尔斯花了大约30年的时间，最终于1994年取得了成功，震惊了整个世界。怀尔斯的证明源于在此几年前日本数学家谷山丰和志村五郎的一个猜想，他们将椭圆曲线（包含三次方程式）和模形式（类似正弦和余弦的函数）联系在了一起。没有人能证实这个猜想，但大多数科学家对此深信不疑，从而启发了其他的研究。

曲线球中了

1986年，怀尔斯还是普林斯顿大学一名教授，肯·里贝特教授是他的同事。在德国数论家格哈德·弗雷的研究基础上，里贝特证明了谷山－志村猜想和费马大定理之间有着显著的联系。里贝特根据费马方程的一个假设“解”，构造了一条椭圆曲线，这个解与谷山－志村猜想相矛盾。如果这一点被证明是正确的，那费马大定理（以及谷山－志村猜想）就错了；但是如果有人能证实谷山－志村猜想，那么就几乎证实了费马大定理。

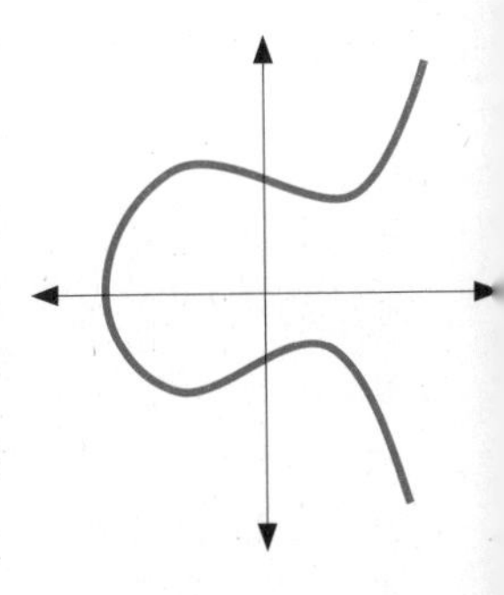

差点放弃了从小追求的怀尔斯这次又振奋了起来。他一直研究椭圆曲线，现在他看到了通往自己目标的那条路。他没有将研究公开，只透露给了自己的妻子。怀尔斯的证明方法是专注于椭圆曲线的一个特定子集。如果他能证明它们在无限种情况下是模块化的，他就能证明谷山－志村猜想和费马大定理之间的联系，并找到最终证明。

椭圆曲线

即使只是证明这么一个小案例，怀尔斯也需要构思出一些巧妙的新研究方法。7年后，他终于取得了突破性进展，并决定于1993年6月23日，在他的家乡剑桥举办的一次会议上公开自己的研究成果。当他展示自己的论文时，全体参会人员都听得入了迷。最后怀尔斯抛出了一枚“重磅炸弹”：“这就是费马大定理的证明，我想我就讲到这里了。”

修正错误

媒体为之疯狂。但当怀尔斯检查他庞大而复杂的证据，准备像往常一样将其发送给验证者的时候，他发现了一处错误。为了证明这个定理在所有情况下是正确的，怀尔斯只能去证明一个被证实的案例能够无限推导出下一个，就像多米诺骨牌效应一样。但问题是，这个案例并没有被证实。怀尔斯崩溃了，他没有打败费马大定理这个“恶魔”，却大肆向全世界宣言自己做到了。

怀尔斯只向他以前的学生理查德·泰勒倾诉了自己的想法，随后又重新开始研究并修正错误。1994年9月19日，他突然灵机一动，如果这个错误不是缺陷而是通往证明的途径呢？很快这一点就得到了证明，怀尔斯终于交出自己的答卷，并在接下来3年里得到了同行们的验证。最后，在1997年6月27日，怀尔斯获得了沃尔夫斯基奖。

2014 年

相关数学家：

玛丽亚姆·米尔扎哈尼

结论：

米尔扎哈尼的获奖成果为曲面研究提供了突破性的见解。

物体如何沿曲面运动？

黎曼曲面的动力学

2014年，玛丽亚姆·米尔扎哈尼获得了令人梦寐以求的菲尔兹奖，相当于数学界的诺贝尔奖。她不仅是首位获得该奖项的女性数学家，也是首位获奖的伊朗人。2017年，她逝世的消息让整个数学界大为震惊、悲痛不已，世界各地的人们纷纷向这位天才致敬和致哀。

米尔扎哈尼的兴趣领域在纯粹假设的、高层次的数学上，这种数学没有明显的实用价值，但却是对智力的最高级别挑战。这种数学将想象力扩展到极限，也许最终能向人们揭示出世界的真实面貌。

曲面

米尔扎哈尼感兴趣的是抽象曲面的几何形状和复杂性。这些曲面可以通过计算机创建，组成人们觉得真实和熟悉的形状，例如球体、马鞍形和甜甜圈形。但它们也可能在空间中进行各种扭曲，变得更加复杂，随着它们的翻转和旋转，在屏幕上创建这些曲面时，它们通常闪烁着七彩的虹光，并被方形网格贯穿。颜色和方格都表明了它们是复杂数学函数的图形。这些方格的用途类似于传统图像上的坐标，而颜色的变化表明了函数的变化。

黎曼投影

19世纪，德国数学家伯恩哈德·黎曼引入了曲面的概念，用几何学方法帮助处理复杂的分析问题，因此也被称为黎曼曲面。黎曼的时代并没有彩色计算机动画，但它们在概念上相同。这些虚构曲面的作用是将复数、虚数，以及函数同时像实数一样映射出来。

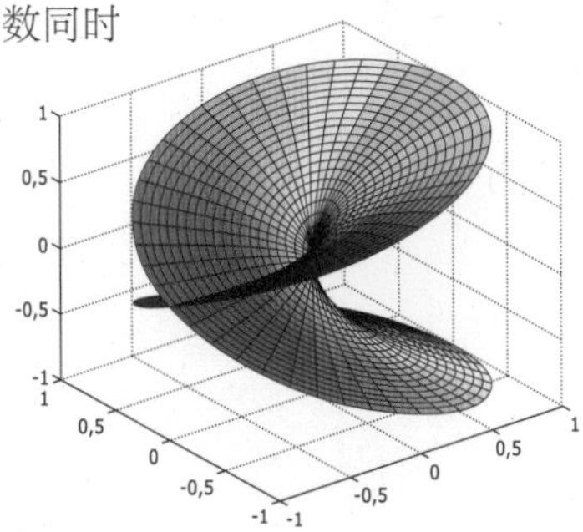

从某些方面来看，它们更像是地图投影的反方面。在16世纪，赫拉尔杜斯·墨卡托试图寻找一种方法，将地球的球面精确地投射到平面地图上，一些基本的几何思想就是他率先提出的。墨卡托投影的关键在于把地球仪上的经纬线变成平面地图上的一个方格网。这两种线都是完全弯曲的，并且所有经线会在两极相交。黎曼曲面和地球投影相反，是将复杂平面上的值投射到曲线上。

函数 $f(z)=\sqrt{z}$ 的黎曼曲面

黎曼创造了这些以自己名字命名的曲面，发展了高斯关于测地线（geodesics，曲面上两点之间的最短距离）和曲率（曲面相对于欧几里得几何平面的弯曲程度）的构想。黎曼希望创建多维空间，让众多变量可以同时投射其中。变量越多，维度就越多。通过这种方式，黎曼研究了多维流形（曲面）和度量（图形度量）中定义的距离，为现代的微分几何奠定了基础。

画出数学

米尔扎哈尼利用了这些数学曲面，用一种全新的、令人目不暇接的方式去探索、摆弄它们。米尔扎哈尼最厉害的能力就是解决复杂的数学问题，并用黎曼曲线和模型想出新的、极富创造力的解题方法。米尔扎哈尼会坐在地板上，在一张巨大的纸上勾勒出自己的想法，总是引得她的女儿阿娜西塔惊呼道：“哦，妈妈又在画画了！”

就这样，米尔哈扎尼发明了求测地线的新方法，并研究了粒子在不同曲面上流动的动力学。你可以想象一颗台球沿着雪橇、马鞍、球或甜甜圈（数学家称为圆环的环形物）滑下来。她还研究了台球在多边形桌面上的弹跳运动，这为气体运动的研究带来了重要的启示。

双曲面上的测地线

米尔扎哈尼的伟大成果之一，是她对双曲面（马鞍形）上测地线的研究。在此之前，人们已经知道，随着表面变长，测地线可能存在的总数也会呈指数增长。但米尔扎哈尼发现，如果排除相交的测地线，总数则会以多项式形式增加。这使她能够为涉及多项式系数的复杂计算研究出明确的公式。美国知名物理学家爱德华·威滕就使用了米尔扎哈尼的公式，在其开创的理论物理学弦理论中做出了卓越贡献。

米尔扎哈尼的研究对数学产生了深远的影响，并可能为工程学、密码学和理论物理学（包括宇宙起源的研究）等领域带来新的发展。

何谓盾状棱柱？

新几何形状的发现

2018年，新闻头条宣布：“科学家们发现了一种新形状！”这条消息吸引了所有人的目光。这一事件源于《自然·通讯》杂志上刊登的一篇文章，新闻中提到的“科学家”，指的是以佩德罗·戈麦斯·加尔韦兹为首的一支由数学家和生物学家组成的团队。

原来，这些生物学家是在研究上皮细胞结构。上皮细胞指的是那些一层层形成皮肤和内脏的内表面的细胞。在仔细观察的时候，他们意识到这些形状与他们预想的不太一样。他们原本推断这些细胞是棱柱体——规则的六边形柱体（像切掉笔头的铅笔）。随着细胞的生长，这些形状会整齐地聚在一起，形成强韧的不透水层。

当然，这一表层必须能弯曲成各种形状，以包裹住骨头的角落和转弯处。但是，按照生物学家们原本的假定，这种弯曲的原理是棱柱体形细胞的一端变窄，导致细胞一边较另一边更加紧密，就像是罗马拱门上的砖块一样。这种挤压形成的锥形棱柱体被称为平截头台（frustum）。生物学家做出这样的假设再自然不过了，毕竟蜂巢也是这样排列的。

奇怪的面

但是生物学家们注意到，随着果蝇胚胎上皮细胞的生长，有时细胞的一端会在某些角落收缩，这样它们就能以不同的方式和邻近细胞相接。生物学家们不太理解棱柱体是如何做到这一点的，所以他们召集了一个数学团队。数学家们对立体密铺图案的兴趣尽人皆知，所以他们一定能找到答案吗？事实上，

2018 年

相关数学家：

佩德罗·戈麦斯·加尔韦兹等

结论：

研究上皮细胞的科研人员意识到，这些细胞的形状是一种从未被发现过的新形状。

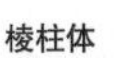

截头体

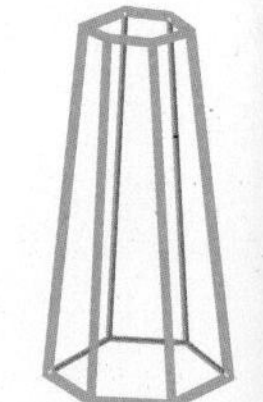

拟柱体

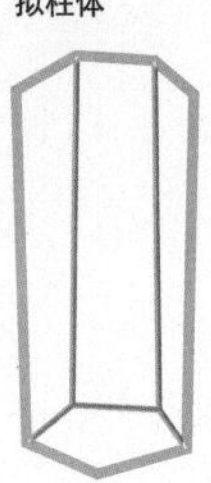

盾状棱柱

这项任务比数学家们预期的困难得多。他们熟悉的形状似乎都不符合要求。他们开发的计算机模型显示，只有当表层在各个方向上都以相同的方式弯折时，截头体才行得通。但是随着上皮细胞的生长，它们会弯曲、扭曲并折叠成各种形状；同时，区别于棱柱体之间的紧密相连，上皮细胞的内外两端连接着不同的邻近细胞。细胞沿着表面和边缘聚集在一起，但是它们需要能量来建立和维持这些边界，而且细胞的接触面积越大，它们需要耗费的能量就越多。所以它们需要尽可能减少接触表面。

Y形边

终于，建模者意识到，最好的解决方案是：如果这个形状有一侧在顶部分裂成一个三角形，那么细胞的这个角就不是一条垂线而是一个Y形。这种形状很难凭空想象。不过，你可以想象一支铅笔，斜着切掉它的一个角，就得到了类似的形状。

这个形状的美妙之处，不仅在于它两端的角数量不同，而且在于那个三角形切面使细胞能够从不同方向聚集在一起。这种形状不但利于细胞聚集，还能极小化能耗。

数学家们从未见过这种形状，这是一个激动人心的发现。如果这确实是大自然中细胞聚集的方式，那么这肯定是一个重要的形状，而且意味着还伴随了其他的数学属性有待发现，着实振奋人心。无论如何，细胞以这种形状生长都必然是有原因的。

甲虫盒子

科学家们决定将这个新形状命名为“盾状棱柱”（scutoid）。用这个单词，主要是因为它的形状与甲虫的盾甲（scutum）相似，但也有人说这个名字是对一个组员路易

斯·M.埃斯库德罗的致敬。但在发现了这个完美的数学形状并为它命名之后，他们需要验证这是否只是一个理论。

因此，他们开始在自然界中寻找盾状棱柱，结果发现这个形状随处可见。透过显微镜观察时，他们突然就看到了这个形状——单个上皮细胞分裂、聚集、弯曲和折叠，形成唾液腺和卵腔。研究人员之前见过无数次，只是之前没有认出来。

寻找盾状棱柱

对于盾状棱柱的寻找才刚刚拉开帷幕，但每个人都希望找到更多例子。我们自己也可能是由盾状棱柱构成的。也许一些看起来是六棱柱的蜂巢实际上是盾状棱柱组成的。当然，自然界中的盾状棱柱不会像建模师借助计算机绘制的那样整齐规则。它们经过了挤压、拉伸、弯曲和扭曲，每一个都在不断变化。但是毫无疑问，它们是现实生活中的重要形状。

有人认为，它们将对实验室内培育人造器官和组织有所帮助。三维打印的盾状棱柱可能搭出一种支架，具有活性的上皮细胞可以在这个支架上生长和自我组织，以正确的形状更快地生长。数学家们也在着手研究这个新形状背后的数学，没人知道他们还能带来什么发现。的确，这个形状看起来很眼熟，如果它真的在自然中随处可见，那么一定还有更多知识等着我们学习。

名词表

算法（Algorithm） 一系列可执行的步骤，用于提供解题方案。

公理（Axiom） 不证自明的命题，是用来推导其他结果的起点。

基数（Base） 一个计数系统中用作计数基础的数字，也是该系统中使用的数字位数。

二进制（Binary） 以2为基数的计数系统，使用0和1计数。

微积分（Calculus） 一个衡量变化的数学分科。

系数（Coefficients） 代数中紧跟在变量前的常数或数字，在代数表达式中表示这一数值和变量的乘积，例如$4x$中的数字4。

猜想（Conjecture） 一种基于不完整信息得出的数学命题，尚未验证正确与否。

分形（Fractals） 一种放大后呈现的图案与整体相同的形状。

流体动力学（Fluid dynamics） 研究液体和气体如何运动和流动的学科。

虚数（Imaginary number） 用单位i表示，是−1的平方根。

无穷小量（Infinitesimals） 大于且无限接近0的最小值。

整数（Integer） 不含分数或小数的数。

无理数（Irrational number） 不能表示为两个整数之比的实数。

对数（Logarithm） 表示一个数字必须与自身相乘多少次才能产生另一个给定的数字。

逻辑（Logic） 使用代数和代数规则，表达命题并协助推理过程。

数论（Number Theory） 关于整数研究的数学分科。

位置值（Place value） 在此系统中，一个数字所表示的值取决于它在数中的位置。

多边形（Polygon） 至少有三条边的图形。

质数（Prime number） 只能被1和自身整除的数。

证明（Proof） 验证数学命题是否正确，得出定理的过程。

二次方程式（Quadratic） 2是最高幂的方程式。

六十进制（Sexagesimal） 以60为基数的计数系统。

统计（Statistics） 关于组织和解释数据的数学分科。

定理（Theorem） 已经被证明了的命题。

理论（Theory） 一系列解释和构成数学分科的原理、命题和定理。

拓扑（Topology） 研究形状变形时所保留的几何属性的数学分科。